KB133467

시꾸기의
꿈꾸는
수학
교실
3~4
학년

시꾸기의 꿈꾸는 수학 교실

초판 1쇄 발행 2014년 6월 10일 \ **초판 3쇄 발행** 2019년 5월 1일
글쓴이 박현정 \ **그린이** 이미진 \ **펴낸이** 이영선 \ **편집 이사** 강영선 김선정
주간 김문정 \ **편집장** 임경훈 \ **편집** 김종훈 이현정 \ **디자인** 정경아
독자본부 김일신 김진규 김연수 정혜영 박정래 손미경 김동욱

펴낸곳 파란자전거 \ **출판등록** 1999년 9월 17일(제406-2005-000048호)
주소 경기도 파주시 광인사길 217(파주출판도시) \ **전화** (031)955-7470 \ **팩스** (031)955-7469
홈페이지 www.paja.co.kr \ **이메일** booksea21@hanmail.net

ISBN 978-89-94258-90-4 64410
978-89-94258-89-8 (세트)

이 도서의 국립중앙도서관 출판예정도서목록(CIP)은 서지정보유통지원시스템 홈페이지(http://seoji.nl.go.kr)와
국가자료공동목록시스템(http://www.nl.go.kr/kolisnet)에서 이용하실 수 있습니다.(CIP제어번호: CIP2014014953)

파란자전거는 도서출판 서해문집의 어린이 책 브랜드입니다. 페달을 밟아야 똑바로 나아가는 자전거처럼
파란자전거는 어린이와 청소년이 혼자 힘으로도 바르게 설 수 있도록 도와줍니다.

어린이제품안전특별법에 의한 제품 표시
제조자명 파란자전거 \ **제조년월** 2019년 4월 \ **제조국** 대한민국 \ **사용연령** 만 9세 이상 어린이 제품

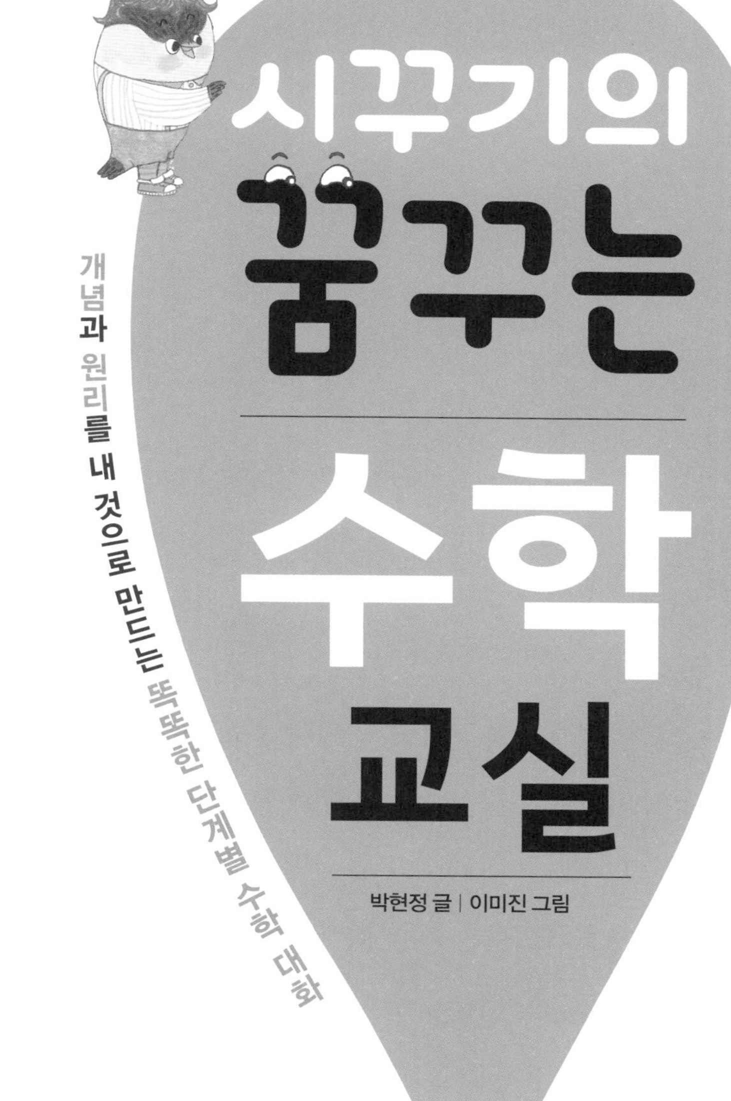

시꾸기의 꿈꾸는 수학 교실

개념과 원리를 내 것으로 만드는 똑똑한 단계별 수학 대화

박현정 글 | 이미진 그림

파란자전거

수학은 내 친구!

만일 여러분에게 "이 세상에서 가장 좋아하는 물건을 그려 오세요." 라는 선생님의 숙제가 주어진다면 여러분은 "종이 위에 어떤 그림을 그려 가고 싶으세요?"

아마 여러분은 종이가 필요할 것이고, 연필이나 색연필과 같은 필기구가 필요하겠지요. 이것만 있다면 여러분이 가장 좋아하는 물건을 그릴 수 있을까요?

《시꾸기의 꿈꾸는 수학 교실》은 이 과정에서 수학이 우리에게 주는 소중하고도 잊기 쉬운 중요한 부분을 지적해 줍니다.

여러분이 그림을 그리려면 수많은 점들이 모인 선을 이용해 그림을 그려야 한다는 것입니다.

선은 다시 무수히 모여 면을 이루고, 이 면으로 이루어진 세상을 활용해야 여러분이 원하는 그림을 그릴 수 있다는 것입니다.

즉, 우리가 하는 모든 활동에는 수학이 활용되고 있으며 이를 해결하기 위해서는 절차 있는 수학의 이해를 기반으로 할 때 좀 더 깊이 있는 그림 활동도 할 수 있음을 이야기해 줍니다.

수학이 문제 풀이의 대상에서 생각하고, 사고하고, 활동하는 삶의 일부분으로 자리하고 있음을 학생들에게 보여 주는 좋은 사례를 만든 첫 책이라 할 수 있습니다.

우리가 알고 있는 모든 수학이 현실과 떨어져 있는 대상이 아니라 이야기 속에서, 글 속에서, 생활 속에서 함께 살아가는 친구와 같은 존재임을 이 책을 통해 이해할 수 있답니다.

우리는 어려서 엄마와 아빠를 친구로 생각하며 살아가고, 자라면서 새로운 친구를 하나 둘 늘려 갑니다.

자라면서 생명이 있는 동물이나 자연에서 마음을 나누는 친구를 만들 수도 있지요. 여러분이 더욱 성숙해지면서 여러분이 좋아하는 대상이 친구가 될 수 있음을 이 책을 통해 알아 가게 될 것입니다. 수학은 여러분의 친구인 것입니다.

이동흔
전국수학교사모임 회장, 대한수학교육학회 이사

참여하는 수학,
창의적인 수학의 첫발

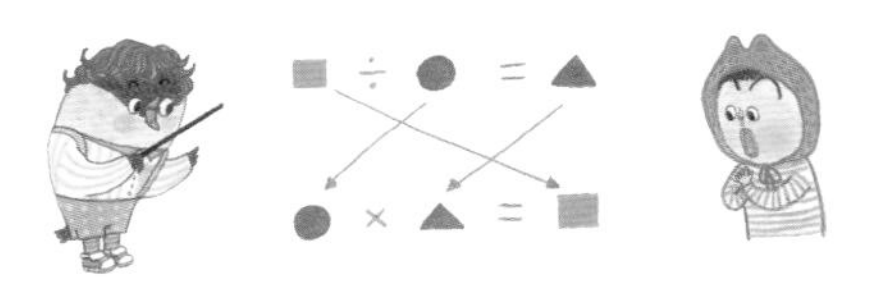

저는 수학을 가르치고 연구하는 사람으로서 학생들이 수학 개념을 어떻게 이해하는지, 그리고 어떻게 학습하는지를 고민합니다. 그리고 학생들이 보다 의미 있게 수학 공부를 할 수 있는 방법에 대해 오랫동안 연구해 왔습니다. 또한 학생들이 수학 개념으로 상상하기를 꿈꾸며 이야기를 짓고, 글을 씁니다.

그러면서 시간이 갈수록 제 머릿속을 맴돌며 뚜렷해지는 질문이 있었습니다.

수학을 재미있고 흥미롭게 접근할 수 있는 방법은 없는 걸까?
보다 열린 마음으로 수학적 개념을 생각하고 그 원리를 곱씹는 방법은 무엇일까?

그래서 학생들이 직접 참여하는 수학 교실을 생각해 보았습니다. 선생님은 설명하는 사람, 학생은 듣는 사람이 아닌 누구나 수학 시간에 주인공이 되어 말하고 문제를 풀 수 있는 교실 말입니다. 그런 교실을 책에 담고자 했습니다. 학생들이 책을 통해 교사를 만나고, 대화를 하고, 수학적 개념이나 원리를 읽고 직접 쓰며, 수학에 대한 대화를 읽으면서 상상하고 그 생각을 키울 수 있기를 바랐습니다. 그 바람을 담아 상상하고 꿈을 꾸는 수학 교실을 생각하며 《시꾸기(시계 속 뻐꾸기)의 꿈꾸는 수학 교실》을 썼습니다.

학생들이 만나게 될 수학 선생님은 수학자들의 집 벽시계에서 살고 있던 뻐꾸기입니다. 일명 '시꾸기'라 불리는 이 뻐꾸기는 세계 곳곳에 있던 다른 시꾸기들과 텔레파시로 대화하고 수학 이야기를 공유합니다. 이제 시꾸기들이 긴 잠에서 깨어나 수학 때문에 고민하는 학생들을 위해 이야기를 시작합니다.

수학을 잘하기 위해서는 수학으로 상상할 수 있는 힘이 필요합니다. 뻐꾸기들이 오랜 시간 동안 수학을 익혀 왔듯이 여러분에게도 수학을 생각하는 시간들이 필요합니다. 그 시간은 단지 학교에서 학원에서 문제를 푸는 시간만이 아닙니다. 수학적 개념을 머릿속에 품고 있는 시간, 상상하는 시간, 우리가 상상할 수 있는 현실에 적용해 보는 시간이 필요한 것입니다.

수학 개념이나 원리에 대한 생각이 깊어지고, 의미가 뚜렷해질수록 수학으로 상상하는 힘은 강력해집니다. 그리고 현실에서 자연스럽게 수학 개념을 만나게 됩니다. 바로 이러한 만남이 다름 아닌 수학임을 시꾸기는 강조합니다.

시꾸기는 선생님이나 교과서와 같이 '수학 개념이나 원리'를 정리해 줍니다. 하지만 더욱 중요한 것은 시꾸기와 킥킥이가 대화하는 과정, 그리고 '동화 속 수학 개념'을 생각하고 써 나가는 과정이 의미가 있습니다.

그렇다고 이 한 권으로 수학 공부가 완성된다고는 생각하지 않습니다. 또한《시꾸기의 꿈꾸는 수학 교실》이 담고 있는 듣고 말하고 읽고 쓰는 개념은 어디까지나 학생들의 활용 능력에 따라 상상으로만 구현될 수도 있다는 점에서 분명히 한계가 있을 것입니다.

그러나 이 책을 통해 수학에 대한 흥미로운 접근 방식을 경험하고, 수학적 개념과 원리를 곱씹는 다양한 방법을 접한 학생들이 수학에 대해 보다 열린 마음을 가지고 스스로 참여하고 창의적인 수학을 하기 위한 첫발을 떼는 데 도움이 된다면 이 또한 큰 의미가 있다고 생각합니다.

《시꾸기의 꿈꾸는 수학 교실》은 처음 수학 개념을 익히기 위한 학생들이나 이미 배운 개념을 익혀서 수학적인 상상과 사고를 깊게 하고자 하는 학생들에게 수학의 꿈을 실현할 수 있도록 도와주는 살아 있는 교실이 될 것입니다.

바쁜 와중에도 원고를 읽어 봐 주고 도움을 준 후배 남주현과 송정화에게 감사의 마음을 전합니다.《시꾸기의 꿈꾸는 수학 교실》 기획에서 현재까지 제 마음과 원고 교정 등 도움을 아끼지 않은 김문정 편집장님께도 감사의 마음 전하고 싶습니다.

2014년 5월

박현정

시꾸기의 똑똑한 5단계 공부법

3학년과 4학년을 위한 이 책은 3-4학년 통합 교과서의 주요 개념을 5개의 단원으로 구성했습니다. 그리고 각 단원마다 특별한 5단계 학습을 통해 단계별로 개념을 정확히 이해하고, 일상과 수학을 연결시키고, 서술형 문제를 스스로 해결할 수 있도록 구성했습니다.

1단계

세상에 뿌려진 수학

: 킥킥이의 일상생활 속 사건을 통해 수학적 문제 제시

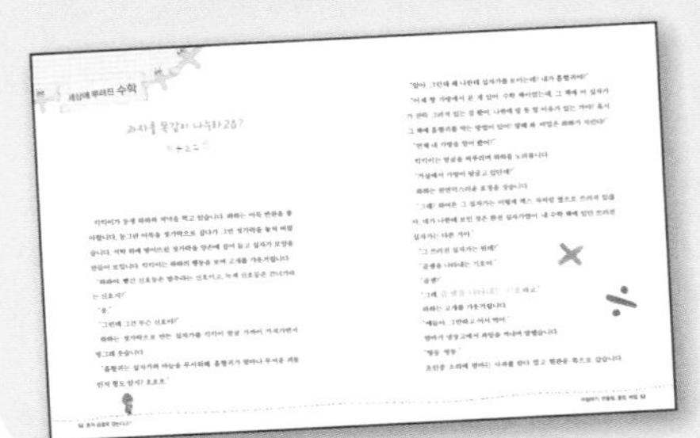

일상생활에서 나타나는 수학적 개념이 소개됩니다. 킥킥이와 킥킥이 엄마, 킥킥이의 학교 친구들과의 대화 속에서 언급되는 개념들을 자연스럽게 보여 주는 단계입니다.

2단계

시꾸기 수학

: 시꾸기에게 수학에 대한 궁금증을 해결, 수학 개념 이해 단계

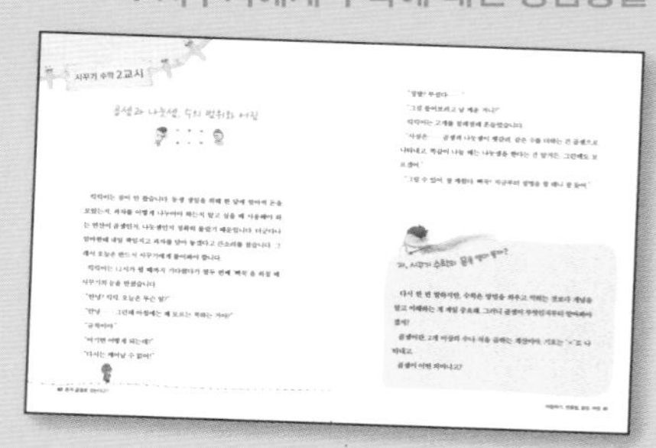

시꾸기가 세상에 뿌려진 수학에서 등장했던 수학적 개념과 원리를 이야기하고, 수학 언어와 일상 언어가 어떻게 연결되어 있는지 설명합니다.

3단계

듣고 말해 볼래?

: 시끄기 수학에서 배운 수학 개념을 확인하는 과정으로, 시끄기의 물음에 대한 답을 직접 말로 표현하는 단계

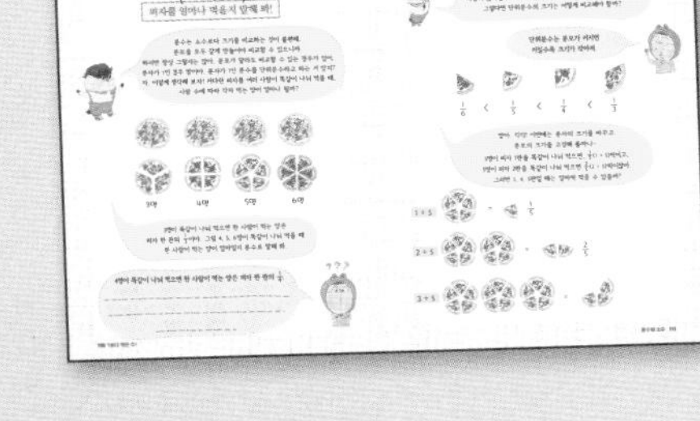

시끄기와 킥킥이의 대화를 통해
수학 개념과 원리를 말로 표현해 봄으로써
자기가 이해한 내용이 맞는지 확인할 수
있으며, 단지 문제의 해법이 아닌 원리에 쉽게 접근할 수 있게 됩니다.
서술형 문제에 적응하기 위한 첫 단계입니다.

읽고 써 볼래?

: 심화된 개념 확인과 응용 과정으로, 문장 속에 나타난 수학 문제의 개념을 확인·이해하고, 문제를 해결하는 단계

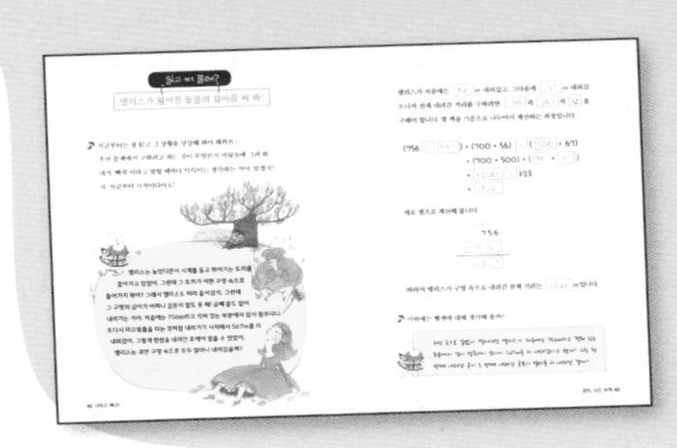

시끄기가 들려주는
《이상한 나라의 앨리스》 이야기 속에
나타나 있는 수학적 개념을 떠올려서
관련된 문제를 해결하는 단계입니다.
문장으로 제시된 문제를 읽고 써 봄으로써
서술형 문제를 해결할 수 있도록 합니다.

5단계

꿈꾸는 세상

: 앞에서 배운 수학 개념을 가지고 재미있는 상상을 하도록 유도하여 수학적 상상력을 증진시키는 단계

말도 안 된다고 생각되는 아주 간단한 질문을
통해 자유롭게 생각해 보는 체험을 하면서
상상력과 창의력을 향상시킵니다. 수학적 사고란 제시된 문제를 머릿속으로 자유자재로
상상해 보고, 가장 적합한 상황을 미루어 짐작해 보는 일련의 과정이 자연스럽게
이루어질 때 가능합니다. 이 세상에는 없지만, 만약 그런 세상이 있다면 어떤 세상일지
상상해 봄으로써 창의력과 수학적 사고를 키울 수 있도록 합니다.

차례

1보다 작은 수!
: 분수와 소수

모양과 형태를 수학으로!
: 각도, 수직과 수평, 평면도형의 둘레

재어 봅시다!
: 넓이, 들이, 무게, 그래프

더하고, 빼고!

: 길이, 시간, 무게

킥킥이네 시꾸기는 밖으로 나갈 준비를 합니다.

시꾸기가 뭐냐고요. 벽시계 속 뻐꾸기죠.

우선 몸을 단정히 하고 나갈 문을 뚫어져라 봅니다.

지금은 3시 1분 전, 30초 전, 20초 전, 1초 전, **땡!**

바로 지금입니다. 3시 정각을 알리는 시꾸기의 행진이 시작되었습니다.

"**뻐**꾹, **뻐**꾹, **뻐**꾹!"

시꾸기는 매일 한 시간 간격으로 세상 밖으로 나와 시각을 알립니다.

시꾸기가 시계 속으로 들어가고 얼마 후,

평소처럼 킥킥이가 학교에서 돌아왔습니다.

3학년 1학기 ■ 덧셈과 뺄셈, 시간과 길이

4학년 1학기 ■ 큰 수

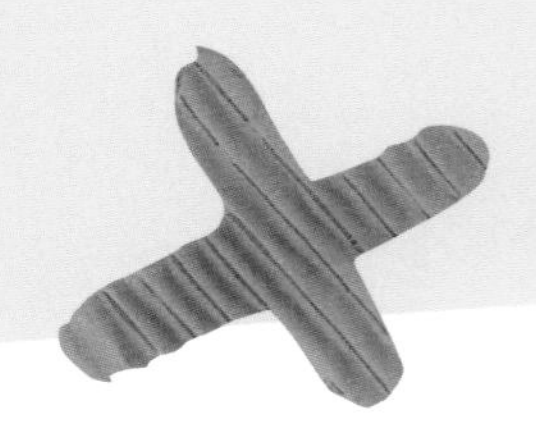

3+5
뻐꾹
뻐꾹
뻐꾹

수학 시험은 어려워!

킥킥이는 시무룩한 표정으로 가방을 거실에 내팽개치고 식탁에 앉았습니다.

엄마는 킥킥이의 표정을 살피며 간식을 주었습니다.

"엄마…… 난 왜 이렇게 작아……."

"네가 왜 작아? 계속 크는 중인데."

"크기는 크는 걸까?"

"그럼! 나중에 크는 애들도 많아요, 아드님."

"그렇죠?"

킥킥이가 편안한 얼굴로 간식을 먹기 시작하자, 엄마는 신문을 펼쳤습니다.

"정말? 이런……."

"왜요, 엄마?"

"난 명왕성이 태양계에서 퇴출된 이유를 몰랐거든. 그런데 명왕성이 행성이 아니었다네. 2006년 8월 16일 국제 천문학 연맹에서 태양계 행성에서 명왕성을 제외했다는데?"

"왜요?"

"그러니까 명왕성이 다른 궤도를 돌고 있는 데다가 행성이라고 하기에는 너무 작대. 지구의 위성인 달보다 작으니까. 명왕성 반지름이 1,151킬로미터니까 미터로 고치면…… 1,151,000미터인가? 행성치고는 좀 작다. 명왕성은 이제 명왕성이 아니라, 소행성 134340이라고 해야 한대. 아니, 그럼 행성은 얼마나 커야 하는 거야?"

킥킥이는 고개를 힘없이 떨어뜨렸습니다.

"명왕성도 작으니까 대접을 못 받네요. 나처럼. 친구들 중에는 140센티미터가 넘는 애들도 많아요. 명왕성도 불쌍하다. 행성이 운전면허도 아닌데 자격을 잃기도 하고……."

엄마는 킥킥이의 기분을 풀어 주려고 킥킥이가 좋아하는 돼지고기 이야기를 했습니다.

"아 참! 돼지고기 사 왔다는 말을 안 했네. 슈퍼마켓에 갔더니 오늘 돼지 목살과 삼겹살 가격이 같더라고. 그래서 돼지고기 목살 598그램과 삼겹살 584그램을 샀어. 그리고 계산을 하려고 봤더니 준비해 간 돈보다 훨씬 많이 나왔지 뭐니. 한 달 만에 고깃값이 오른 걸까? 그러니까 모두 몇 그램을 샀냐면……."

엄마는 손가락을 쫙 펼치더니 한참을 머뭇거렸습니다. 킥킥이는 고개를 숙이고 아무 말도 하지 않았습니다. 엄마는 계속 말을 이어 갔습니다.

"지난달에는 목살을 387그램 샀는데…… 그때 적게 사서 그런가? 그럼 이번 달에 내가 얼마를 더 샀지? 아무래도 계산을 해 봐야겠다. 종이가 어디에 있지?"

킥킥이에게 무슨 일이 생긴 걸까요? 엄마 말에 아무런 반응도 보이지 않는 킥킥이가 이상합니다.

"잘 먹었습니다. 숙제가 많아서요."

킥킥이는 벌떡 일어나 방으로 향했습니다.

킥킥이는 엄마 말이 머릿속에 하나도 들어오지 않았습니다. 작은 키 때문이 아니었습니다. 사실 오늘 킥킥이는 수학 시험을 망쳤는데, 엄마가 돼지고기 가격을 계산한다고 하자 퍼뜩 그 생각이 떠올랐습니다.

"우아앙! 도대체 수학이 뭐라고 날 이렇게 힘들게 하는 거야. 키도 작고 수학 시험도 망치고. 정말 공부 많이 했는데. 선생님과 할 때는 잘하는데, 왜 시험만 보면 생각이 안 나냐고. 우아앙!"

킥킥이는 한참을 울다가 잠이 들었습니다.

깊은 잠에 빠진 킥킥이는 꿈속에서도 컴컴한 거실에 앉아 혼자 울고 있었습니다. 한참을 울었는데도 아무도 달래 주지 않았습니다. 킥킥이는 더 크게 울었습니다. 그런데 어디선가 '똑똑똑' 문 두드리는 소리가

들려왔습니다. 그것은 바로 벽에 걸린 뻐꾸기시계에서 들려오는 소리였습니다. 킥킥이는 깜짝 놀라서 숨을 죽이고 있었습니다. 잠시 후, 또 다시 소리가 들렸습니다. 이번에는 말소리였습니다.

"킥킥, 네 고민을 해결해 줄 테니 날 깨워 줘야 한다아르~."

덜컥 겁이 난 킥킥이는 거실 한구석으로 가서 머리를 처박고 엉덩이를 하늘 높이 쳐들었습니다. 가만히 들어 보니 목소리가 나지막한 데다 매우 친절했습니다. 킥킥이는 천천히 고개를 들었습니다.

"누구야?"

"시꾸르기."

"시꾸르기?"

"농!(아니야) 시꾸기."

"뻐꾸기잖아. 시계 속."

"위!!(그래) 그러니까 시꾸기."

"뻐꾸기가 말을 하네? 그런데 발음이 왜 그래?"

"얼마 전까지 프랑스에서 살았더니 발음이 이래. 항상 그런 것은 아니아르~."

"푸하하, 웃겨!"

"넌 한 번도 잊지 않고 내 태엽을 감아 주곤 했잖아르~. 메르시보끄(고마워). 이번에는 내가 널 도울 차례인 것 같아르. 네 꿈에서는 수학에 대한 이야기를 할 수 없다아르. 그러니까 날 깨워 줘야 해. 움직일

뻐꾹 뻐꾹 뻐꾹 뻐꾹

수 있게."

"와르? 아르? 말이 너무너무 웃겨. 그런데 뭐라고? 깨워 달라고?"

"내가 여러 곳을 떠돌아다니다 보니 말투가 이랬다저랬다 해. 이해해 주아르~. 내일 밤 12시에 내가 '빼꾹'을 열두 번째 외치고 5분이 지나기 전에 수학을 가르쳐 달라고 외쳐. 네 목소리는 나한테만 들리니까 걱정할 필요 없어. 그럼 난 밖에서 너와 이야기를 할 수 있게 될 거야. 반드시 내가 울고 난 다음에 5분이 지나기 전에 날 불러야 한다잉! 큰 소리로~ 에험!"

"그건 프랑스 어가 아닌 것 같은데?"

"한국말을 배운 지 얼마 안 돼서 헷갈렸다~아르."

킥킥이는 웃음을 참으면서 장난스럽게 대답했습니다.

"응아르. 푸하하~."

다음 날 학교에서 돌아온 킥킥이는 지난밤 꿈에 대해 생각했습니다. 꿈이라고 하기에는 너무 생생했습니다. 그래서 밤 12시가 될 때까지 눈을 비비며 잠을 자지 않았습니다. 그리고 시계 속 빼꾸기가 알려 준 대로 열두 번째 '빼꾹'을 외치고 큰 소리로 외쳤습니다.

"수학을 가르쳐 줘!"

그러자 정말 신기한 일이 일어났습니다.

큰 수 읽기, 덧셈, 뺄셈

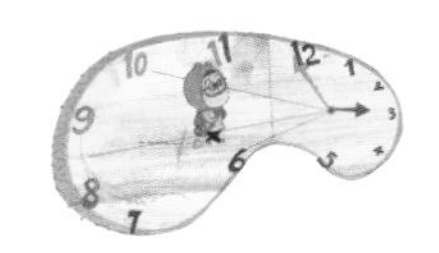

"안녕? 킥크아르~."

"킥킥이라니깐!"

킥킥이는 신기하고 어리둥절해서는 이리저리 살펴보았습니다.

"파르동 주씨 데졸레(미안해요). 킥킥, 길게 설명할 때는 좀 더 발음이 정확해지니까 침착, 침착."

"알았어. 그런데 저 시계 속에서 얼마나 오래 살았어?"

"아주 오래되었다르! 저 시계뿐만 아니라 유럽, 아메리카 세계 곳곳을 돌아다니느라 난 항상 바빠. 후후."

"얼마나 오랫동안? 어떤 곳을? 무슨 일을 하는데?"

"난 제일 바쁜 초를 알리는 초침이 한 바퀴를 돌아 60초가 되면 얼른 분을 알리는 분침을 깨워 한 칸 움직이게 해야 하고, 초침과 분침이 움직일 때마다 아주 조금씩 시침도 움직이게 해야 해. 또 60분은 1시간,

시침이 한 칸 움직였는지 확인해야 하니 한순간도 쉴 틈이 없어. 시곗바늘은 뱅글뱅글 하루가 24시간이니까 초침이 몇 바퀴를 돌아야 하는지 아르?"

"아냐고? 그러니까 1분에 한 바퀴씩 60분이 1시간이니까 60바퀴이고, 24시간이면 60바퀴를 24번 돌아야 하니까 60을 24번 더하면 돼."

"60 곱하기 24는 1440. 그러니까 1440번을 돌아야 하루가 된다아르. 일주일은 7일이니까 24시간 곱하기 7 곱하기 60을 하면 10080번 돌아야 일주일이다아르."

"와, 그걸 너 혼자 다 해?"

"물론! 수백 년 동안 이 시계 저 시계로 옮겨 다니면서."

"수! 백! 년! 그렇게 오랫동안?"

"물론! 난 오래전 수학자들이 사는 집에서도 초와 분, 시침을 조정하며 뻐꾹뻐꾹거렸어. 우리 뻐꾸기들은 서로를 이렇게 불러. '시, 꾸, 기.' 시계 속에서 사는 뻐꾸기들. 우리는 모두 텔레파시가 통해. 그래서 서로 배운 것을 나누와르. 우리가 시계에서 살면서 알게 된 것은 '수학에 대한 지식'! 그리고 한 수학자가 들려준 매우 재미있는 이야기가 내 머릿속에서 춤을 추고 있다아르. 수학과 함께 말이야."

"그렇게 오래 살았으면, 아니 사셨으면 아주아주 어른인데…… 내가, 아니 제가 높임말을 써야…… 하는……."

"농! 몇백 년을 살았기에 시꾸기는 이 세상 모든 사람들의 친구야. 편한 친구."

"그럼, 편하게 말해도 돼……요? 아니 돼?"

"물론!"

"저, 아까 말한 그 수학자가 누구예요? 아니 누군데?"

"《이상한 나라의 앨리스》라는 이야기 알지? 이 이야기의 작가가 바로 그 수학자야. 그는 1832년에 태어난 찰스 루트위지 도지슨(Charles Lutwidge Dodgson). 휴, 프랑스 어를 안 쓰려니까 말이 짧아진다아르."

"상관없어. 크큭!"

"그는 세상에 루이스 캐럴이라는 이름으로 알려져 있어. 말을 더듬었지만 글로는 정말 뛰어난 이야기꾼이었쓰와르. 그의 이야기를 매일매일 듣고 서로 수다 떨며 웃었던 일을 떠올리면 행복해. 그래서 난 수학을 이야기할 때《이상한 나라의 앨리스》이야기를 이용해서 문제 만드는 걸 좋아해. 앨리스 이야기로 수학 문제를 만들어도 되아르?"

"그럼! 나도 좋아해. 그런데 말끝에 '아르'는 언제까지 붙일 거야?"

"말투를 신경 쓰다 보면 이야기가 엉망이 되아르~. 'ㅇ'도 붙였다가 안 붙였다가 왔다 갔다 하니 이해해랑."

"그래. 그런데 그 작가가 남자였어? 난 여자인 줄 알았는데. 아니었구나. 앨리스 이야기로 수학 문제를 내는 건 좋은데, 내가 수학 문제를 잘 틀려서……."

킥킥이는 점점 기어드는 목소리로 말했습니다.

"수학은 틀리는 것이 잘못된 것이 아님! 수학을 공부할 때는 자신이 이해한 대로 문제를 풀고 자신의 생각을 설명해야 한다아르~. 그래서 틀리거나 잘못된 부분이 있으면 바로 수정해야징. 틀려야 수정할 기회가 있으니까 좋다아르."

"정말? 난 항상 틀리면 안 된다고 생각했는데."

"점수보다는 수학을 하나하나 이해해 가는 과정이 중요해. 수학자들조차도 계속 틀렸으니까. 난 찰스뿐만 아니라 수많은 수학자가 해 준

이야기를 가슴과 머릿속에 담고 있어. 그래서 내가 킥킥이를 돕고 싶은 거야르~."

"난 뭐라고 불러야 해요? 아니 해?"

나는 그냥
시-꾸-기다아르~

"그냥 시꾸기."

"그건 좀……."

"시, 꾸, 기."

"알았어. 그런데 정말 신난다. 나, 이제 수학 잘하게 되는 거야?"

"물론이지."

"그럼 수학에서 제일 어려운 게 있는데, 물어봐도 돼?"

"물론!"

"난 덧셈과 뺄셈이 어려워. 분명히 알았는데 시간이 지나면 다 잊어버려. 어림셈도 쉽게 하는 방법을 배웠는데 금방 까먹고……."

킥킥이는 고개를 푹 숙였습니다.

"수학 문제를 푸는 방법만 기억하려고 하지 말아야 해와르. 수학을 가지고 놀아야 한다아르."

"놀아? 수학을 가지고? 그런데 내가 방법을 외우려고 한 걸 어떻게 알았어? 방법을 외워야 문제를 정확하게, 많이 풀 수 있는 거 아냐?"

킥킥이는 자기 마음을 알아주는 시꾸기가 고마웠습니다.

시꾸기는 시계 속에서 긴 막대기를 꺼내더니 이리저리 휘두르며 수학 이야기를 시작했습니다.

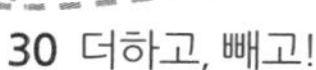

자, 시꾸기 수학의 문을 열어 볼까?

수란 우리 주변에 있는 모든 물건과 동물, 사람들이 갖는 특성 중에서 개수를 말해.

우리는 598을 보면서 어떤 생각을 할 수 있을까? 598과 관련된 것이 뭐가 있을까?

자, 여기 돌맹이가 598개 있어. 휴, 너무너무 무겁다잉. 이 돌멩이가 모두 내가 좋아하는 초콜릿이면 얼마나 좋을까? 와우, 돌맹이가 초콜릿으로 변했네. 시꾸기 세상에서는 상상하면 모두 이루어진다아르~!

초콜릿 500개, 90개, 8개를 모두 더하면 598이야. 또 598을 어떻게 표현할 수 있을까?

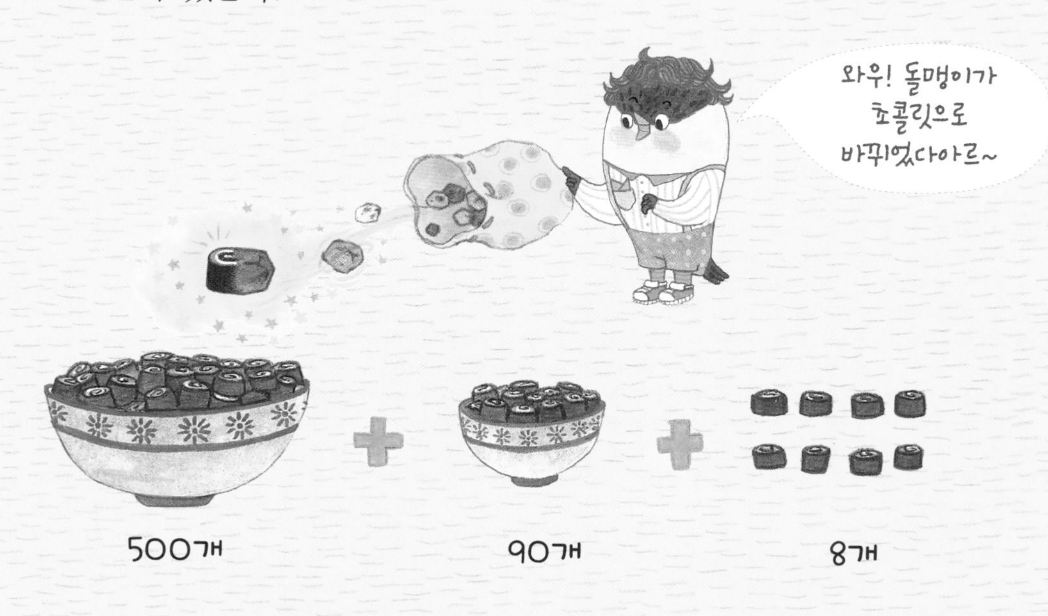

우리 학교 전체 학생 수는 550명이다.
550은 598보다 작은 수.
우리 반 학생 수는 35명이다.
598은 35보다 큰 수이다.

598은 600보다 2 작다.
598은 590보다 8 크다.
598은 550보다 48 크다.

뭐 이런 식으로 다양하게 생각할 수 있어야 해. 그래야 너랑 수랑 아주 친해진다고~양이. 고양이? 고양이는 아니다아르~. 흠흠.

이렇게 수를 가지고 노는 거야. 그런 다음 마음껏 숫자를 적는 거지.

17245887446099325 8

이런, 나도 모르게 엄청나게 큰 수를 써 버렸네! 푸하하.

어때, 읽을 수 있어?

네 자리 수를 읽을 때는 '일, 십, 백, 천'과 같은 자리 이름을 알고, 자리 이름대로 읽을 수 있어야 해.

그러나 다섯 자리 이상의 수부터는 일의 자리부터 네 자리씩 끊어서 왼쪽부터 차례대로 읽어야 해.

1|0000 1만

1|0000|0000 1억

1|0000|0000|0000 1조

수를 읽을 때는 일의 자리부터 네 자리씩 끊어 준 다음에 '만, 억, 조'의 단위를 표시하고 천백십일을 반복해서 읽으면 돼.

순우리말로도 수를 읽을 수 있는데 알고 있니? 나보다 한국말을 정확하게 발음하니까 가능하지?

십은 **열**이고, 백은 **온**이고, 천은 **즈믄**, 만은 **드먼**, 경은 **골**이라고 하느와~.

요즘은 이런 말을 사용하지 않아서 사라져 버렸지만 말이야. 우리가 생활하면서 사용하는 수는 뭐 그렇게 큰 수가 필요하지는 않아. 그러나 사회가 발전할수록 과학이나 문화도 발전하니까 더 큰 수가 필요하지. 인구수도 계속 늘어나고 인간의 수명도 계속 늘어나잖아. 인공위성이나 태양계의 별들이 지구에서 얼마큼 떨어져 있는지를 말할 때도 큰 수가 필요해. 그러나 과학이 발전하지 못한 과거에는 생각지도 못한 수들이야. 그뿐인 줄 알아? 가수 싸이 알지? 싸이 동영상을 전 세계에서 조회한 수가 얼마인지 알아?

백? 천? 만? 아니야. '억'을 넘는 수야. 이렇게 전 세계는 하나가 되어 가고 우리가 사용하는 수도 점점 커지고 있어.

시꾸기도 시대에 발맞춰서 큰 수를 읽을 수 있다!

만, 억, 조, 경, 해, 자, 양, 구…… 헥헥.

내가 적은 수를 한번 읽어 볼게.

17 | 2458 | 8744 | 6099 | 3258

십칠경 이천사백오십팔조 팔천칠백사십사억 육천 _ 구십구만 삼천이백오십팔

0, 1, 2, 3, 4, 5, 6, 7, 8, 9 숫자를 이용하면 네가 생각하는 어떤 수도 나타낼 수 있어. 그러나 **읽지 않은 자리 숫자는 0**으로 꼭 써 줘야 한다는 것을 기억해야 해. 내가 쓴 숫자의 백만 자리 숫자처럼!

여기서, 잠깐! 정말 아무리 큰 수라도 우리가 만들 수 있는지 생각해 볼까?

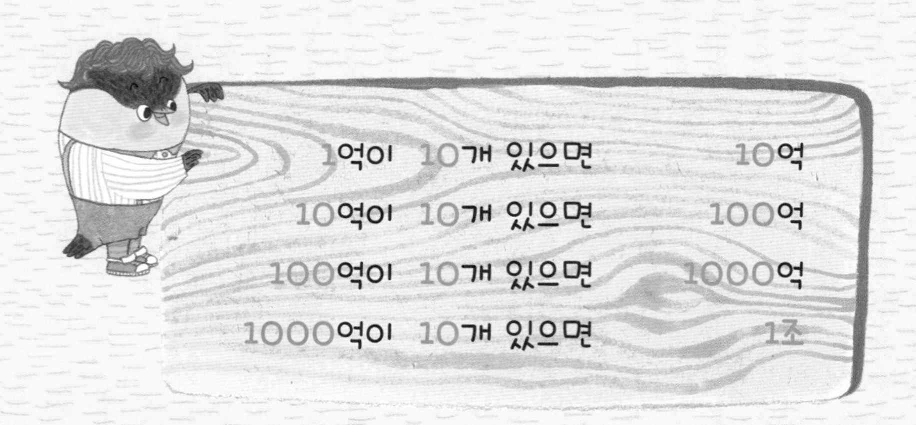

수는 10배씩 커질 때마다 한 자리씩 늘어나.

10개의 숫자로 우리는 큰 수를 만들 수 있고 읽을 수도 있어.

그렇게 만든 수를 비교할 때는 자릿수가 같은지 다른지를 먼저 비교해야 해.

$$48432 < 234897$$

다섯 자리 수 $<$ 여섯 자리 수

자릿수가 같을 때는 가장 큰 자리의 수부터 차례로 비교해서 수가 큰 쪽이 더 큰 수가 되는 거야.

$$3456923 < 3462361$$

$5 < 6$

자, 수를 만들었으니까 이제 연산에 대하여 이야기해 볼까?

킥킥아, 엄마가 어제 하신 말씀 기억해?

돼지 목살과 삼겹살을 각각 얼마큼씩 샀는데 '모두' 얼마나 되는지 알고 싶다는 말씀. 지난달과 이번 달에 산 돼지 목살의 '차이'가 얼마인지 알고 싶다는 말씀.

수학 개념이나 연산(덧셈, 뺄셈, 곱셈, 나눗셈)을 생각할 때, 항상 어떤 단어가 사용되는지 어떤 상황인지를 정확하게 확인하고 상상해야 한다고~양이. 고양이는 없어. 흠흠.

'모두', '더하면', '합해서'와 같은 말을 사용해서 설명하면 덧셈을 이야기하는 것이고, **'~의 차이(크기나 양 등)', '~보다 작다(크다)'는 뺄셈**을 나타낸다.

무엇보다 중요한 것은 수학 개념과 관련된 상황 속에서 이해해야 한다는 점. 어떤 때 더하고, 빼야 하는지를 말이야.

'어떻게 풀어야 하는가'는 원리와 개념을 이해한 다음에 생각해야 해. 물론 꼭 그런 것은 아니지만, 푸하하. 원리와 개념을 이해하지 못한 상태에서 푸는 방법만을 외워서 문제를 해결하다 보면, 다른 상황이 닥쳤을 때 그 개념을 응용하거나 적용하기 힘들게 돼. 그러다 보면 항상 새로운 문제를 대하는 것 같고, 수학은 어렵다, 수학은 골치 아프다는 생각을 하게 되는 거라구~렁이! 그러니까 덧셈과 뺄셈도 원리와 개념만 확실하게 머릿속에 넣어 둔다면 아무리 숫자가 커지고, 복잡하더라도 하나도 어려울 게 없다는 말이지.

자, 그럼 덧셈과 뺄셈에서 한 가지 중요한 점을 더 말해 볼게.

직접 더하고 빼는 것도 중요하지만, 수학적 감각이 생겨야 한다아르. 종이와 연필로 계산을 하지 않아도 어림해서 구할 수 있는 능력이 필요하지. 그것도 연습이 필요해.

예를 들어 볼게. 양이 689마리 있었는데 옆집에서 497마리를 맡겼다면 모두 몇 마리일까?

모두 몇 마리인지를 구하는 거니까 689와 497의 합을 구해야 하잖아. 우선 두 수의 합을 어림해서 계산해 볼까? 어림한다는 것은 대강 짐작하여 알아보는 방법이야. 689 + 497의 계산을 하기 위해 각 수가 '몇백'에 가까운지 생각해야 해.

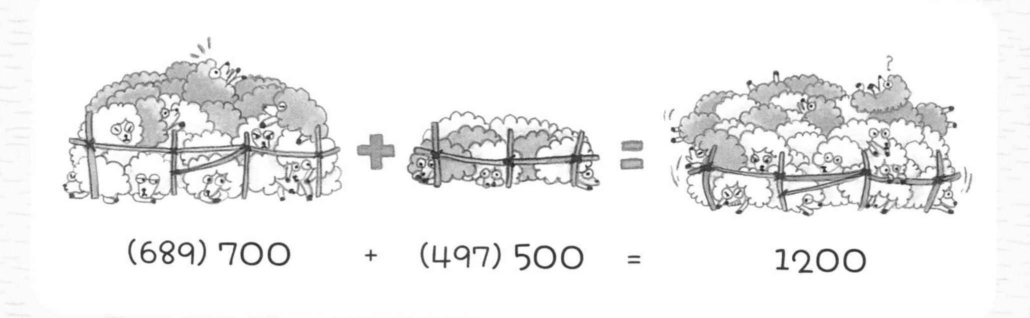

689는 600과 700 중에서 700에 가깝고,

497은 400과 500 중에서 500에 가깝잖아.

어림해서 계산해 볼게.

689 + 497 → 700 + 500 = 1200

어림한다는 것은 대강 짐작하여
알아보는 방법이야.
그렇다고 대충대충 계산하면
안 되아르~

실제로 계산해서 비교해 볼까?

일의 자리부터 같은 자릿수의 숫자끼리 더하는 거야. 이때 같은 숫자끼리의 합이 10이거나 10보다 크면 바로 윗자리로 받아올림해서 계산해야 해.

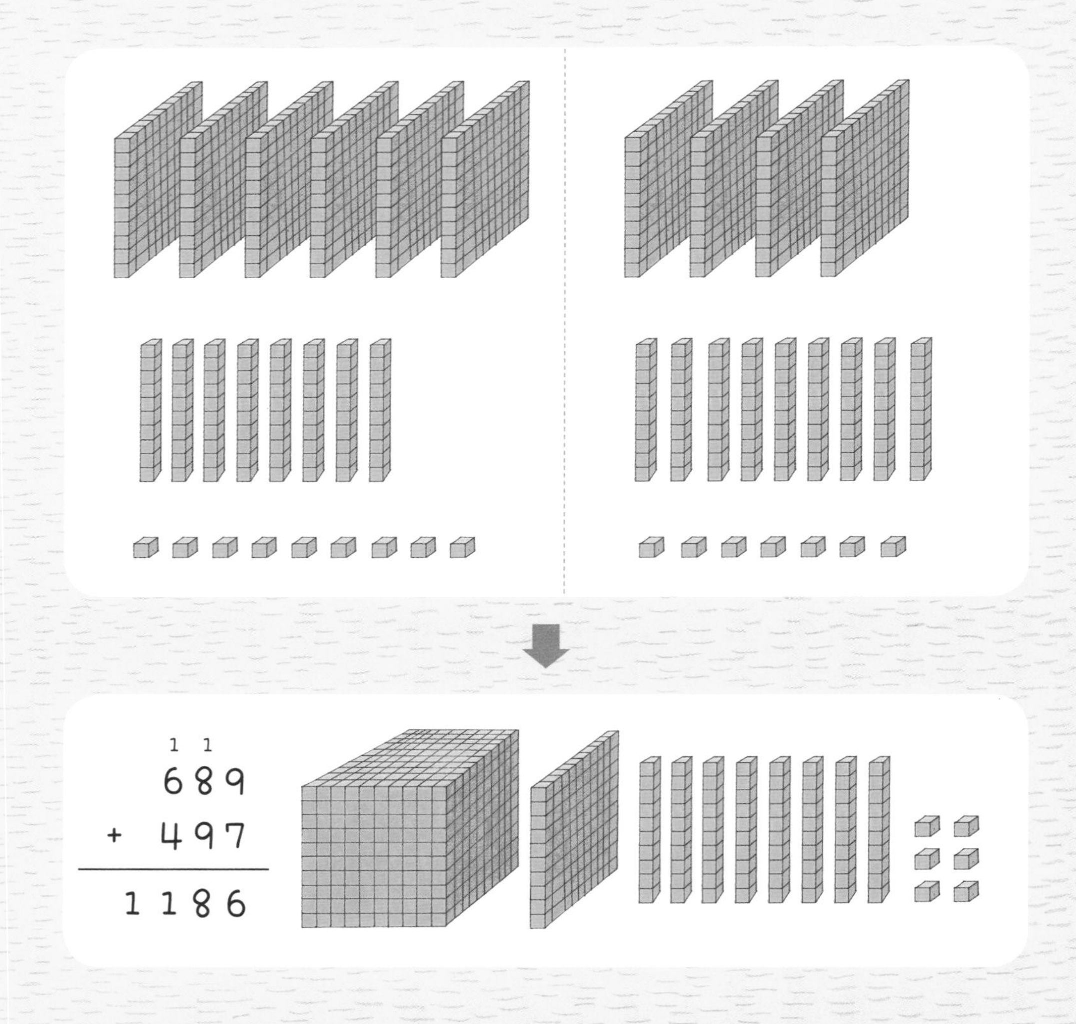

어림한 결과와 세로 셈한 결과를 비교해 보니 14 차이가 나네.

이번에는 뺄셈에 대한 어림을 설명해 볼까?

목동이 양을 초원에 놓아줄 때는 247마리였어. 그런데 다시 울타리 안으로 들어올 때는 356마리였다면 얼마나 더 들어온 걸까?

356에서 247을 빼야겠지. 356과 247의 차를 어림해서 계산하면 얼마일까? '몇백 몇십'으로 어림해서 계산해 보자.

356은 350과 360 중에서 360에 가까워.

247은 240과 250 중에서 250에 가까워.

356 - 247 → 360 - 250 = 110

이번에는 세로 셈으로 구해 볼게. 뺄셈도 일의 자리부터 같은 자리의 숫자끼리 빼는 거야. 같은 자리의 숫자끼리 뺄 수 없을 때에는 바로 윗자리에서 받아내림해서 계산하면 돼.

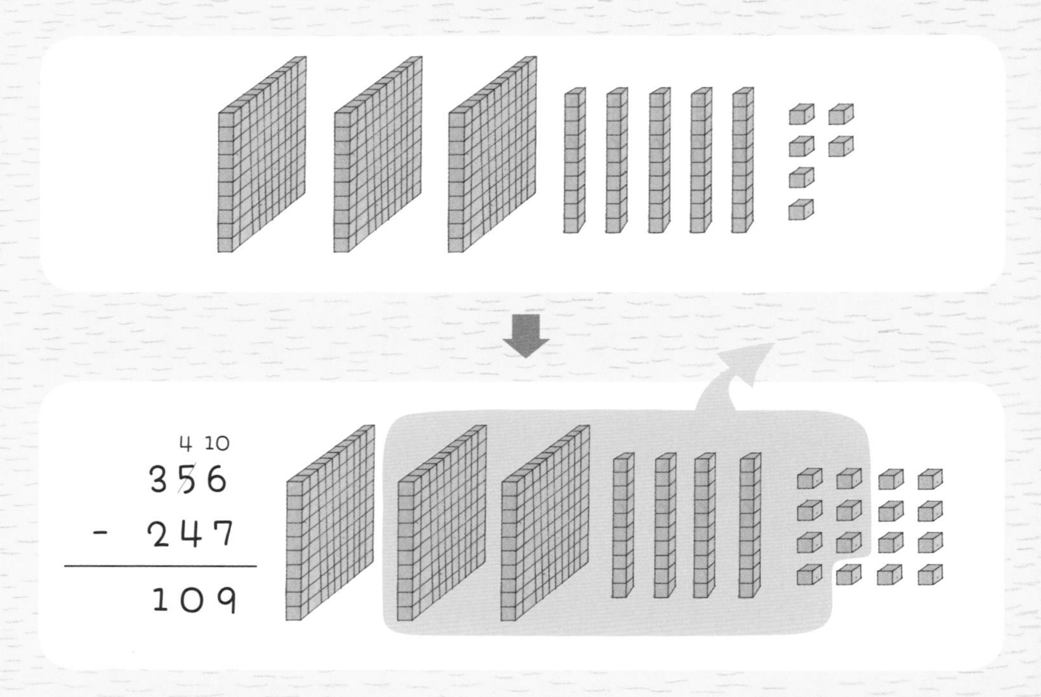

어림한 값과 비교하면 1이 차이나네. 아까 덧셈을 했을 때는 각 수를 '몇백'으로 어림했고, 지금은 '몇백 몇십'으로 어림했잖아. 실제 값에 더 가까운 경우는 '몇백'보다는 '몇백 몇십'이었어. 그렇지? '몇백 몇십'으로 어림한 값이 실제 값에 더 가깝기 때문이야.

오늘 공부는 여기까지!

아 참, 킥킥이는 키 때문에 고민이라고 했지? 걱정할 필요 없어! 열심히 먹고 운동하고, 푹 자면 키는 크게 되어 있어. 그런데 키를 어떻게 잰 거야? 키나 물건의 길이를 잴 때는 한쪽 끝을 자의 눈금 0에 맞춘 다음 물건의 다른 한쪽 끝 눈금을 읽어야 하거든!

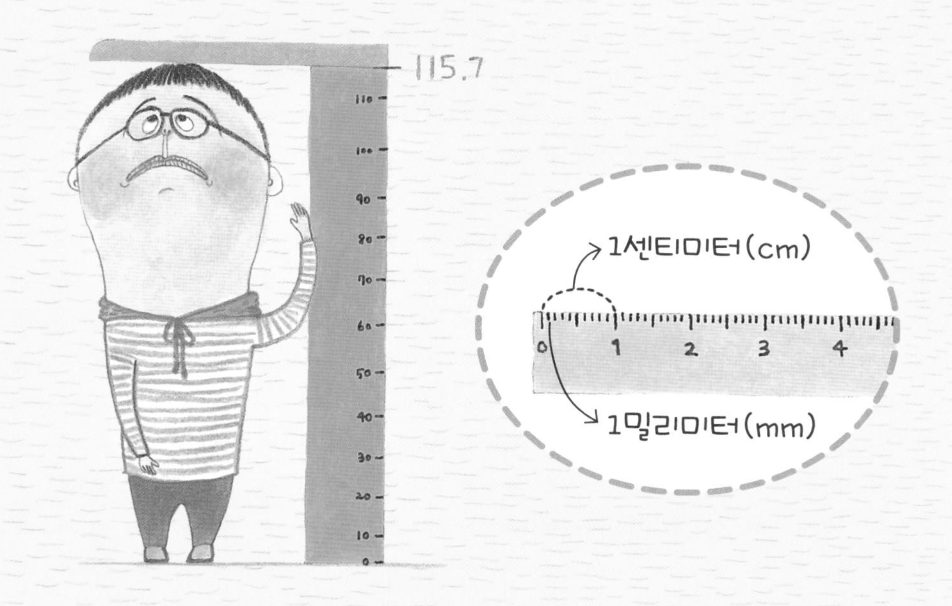

어디 한번 재어 볼까?

자를 보면 큰 눈금과 작은 눈금이 있지? 자에서 큰 눈금 한 칸을 1센티미터라고 해. 또 1센티미터를 똑같이 10칸으로 나눈 길이, 그 작은 눈금 한 칸의 길이를 1밀리미터라고 해느와~. 1cm는 작은 눈금이 열 칸이니까 10mm라고 할 수 있지. 따라서 16mm는 1cm 6mm로 나타낼 수 있어. 킥킥이 키는 115cm 7mm나 8mm야.

슬픈 표정 짓지 말고 열심히 먹고 푹 자고, 운동! 나 때문에 잠 못 자서 키 안 크는 것 아닌가 걱정하고 있지? 걱정 마. 날 만나는 순간은 마법의 시간이야. 킥킥이 넌 잠을 자는 것과 같아. 세상이 멈추는 순간이니 괜찮다아르.

한 가지 더! 우리의 키보다 더 크거나 긴 물건의 길이는 어떻게 잴까?

그래서 1cm의 100배인 100cm를 1m로 나타낸다고!

줄자를 잘 살펴보면 100cm인 눈금에 1m, 300cm인 눈금에 3m라고 쓰여 있는 것을 볼 수 있어. 그러니까 킥킥이의 키가 116cm라는 것을 1m 16cm로 나타낼 수 있다는 말씀!

물론 길이 단위는 또 있다아르. 아주 먼 거리를 나타낼 때 사용하는 단위 킬로미터(km)!

여행할 때 안내 표지판을 보면 몇 킬로미터를 가면 뭐가 있다고 표시되어 있어. 1km는 1m의 1000배가 되는 길이야. 그러니까 1km=1000m지. 길이 단위들을 간단하게 정리해 볼까?

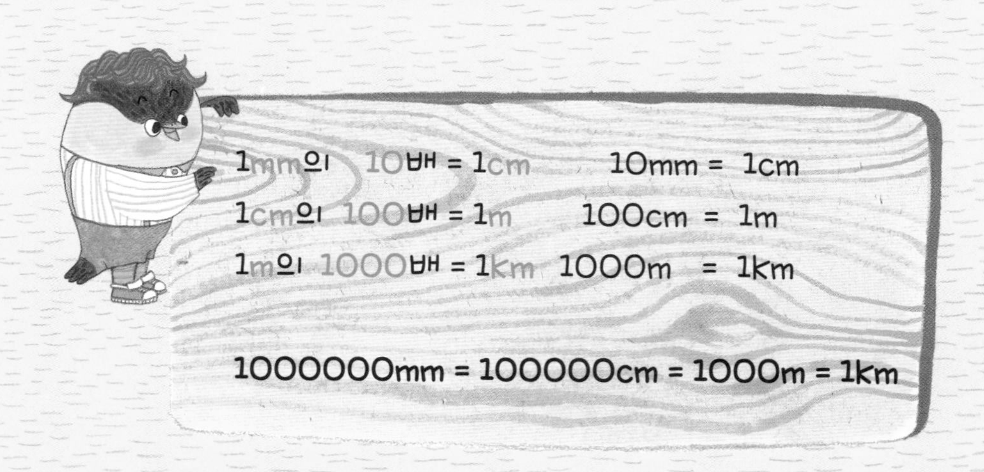

걸리버의 키도, 재크와 콩나무의 거인 키도 소인국에서는 몇 킬로미터로 나타내야 할걸. 수학은 바로 이렇게 상상을 하는 거야르. 후후~.

자, 이제 시꾸기가 설명한 내용들을 킥킥이가 정리할 시간!

듣고 말해 볼래?

돼지고기의 무게를 말해 봐!

어제 엄마가 말씀하셨던 돼지고기 목살과 삼겹살을
모두 합하면 몇 그램이 되는지 구해 볼래?

목살과 삼겹살을 모두 합하는 상황이니까……
덧셈! 그리고 어림셈은……

목살

+

삼겹살

목살 598그램과 삼겹살 584그램을
각각 몇백으로 어림해서 더해 봐.

598은 600에 가깝고,
584도 600에 가까우니까
어림해서 계산하면 1200이야.

맞아! 그러면 실제로 계산한 값과 비교해 봐.
지금 연필과 종이가 없으니까 수 모형에서처럼
몇백 더하기 몇십 더하기 몇을 따로 더하는 방법으로 해 봐.

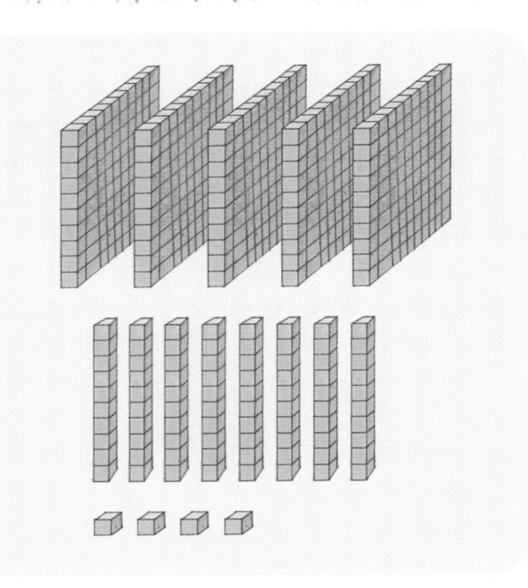

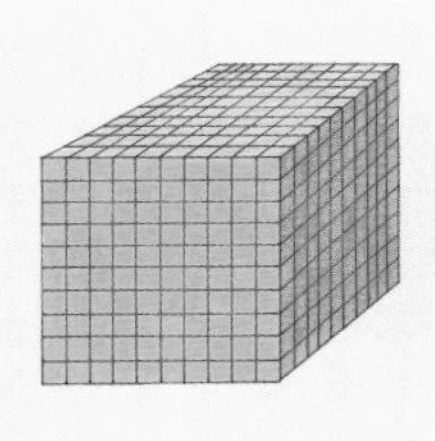
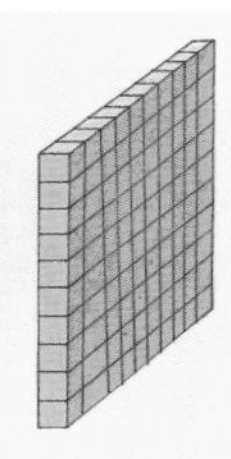
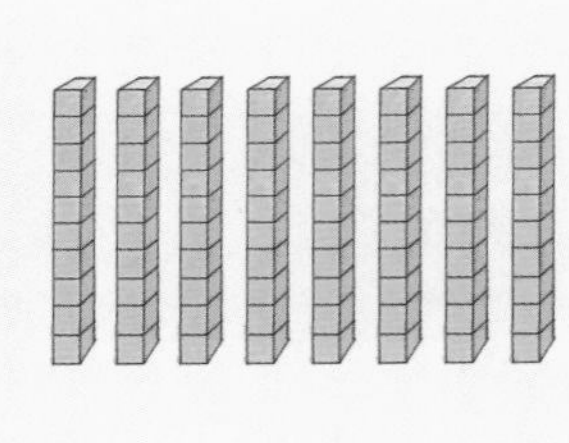

두 수를 각각 '몇백 + 몇십 + 몇'으로 생각해서 계산하는 방법?
해 볼게. 500과 500을 더하면 1000이고,
90과 80을 더하면 170,
8과 4를 더하면 12야. 그러므로 더하면 1182가 돼.

어림한 계산과 비교하면 얼마나 차이가 나니?

1200에서 1182를 빼면 18이 차이 나.

이번에는 킥킥이 엄마께서 지난달에
돼지 목살을 산 것보다
이번 달에 얼마큼을 더 샀는지 알고 싶어 하셨지?

응, 뺄셈을 해야 해. 차이를 구해야 하니까.
차를 구하는 방법도 여러 가지야?

여러 가지가 있어. 387에 가까운 400은 13이 크잖아.
그러니까 598과 387에 각각 13을 더해서 빼도 돼.
너는 387을 빼는 대신 가까운 몇백을 빼는 방법으로 설명해 봐.

598에서 400을 빼고 13을 더하면 돼.

또 다른 방법이 있니?

598에서 빼는 대신 가까운 몇백에서 뺄 수도 있어.

어떻게 하는 건데?

598에서 빼는 대신에 600에서 387을 빼고
2를 빼면 돼.

읽고 써 볼래?

앨리스가 떨어진 동굴의 길이를 써 봐!

지금부터는 잘 읽고 그 상황을 상상해 봐야 해와르~.
우선 문제에서 구하려고 하는 것이 무엇인지 머릿속에 그려 봐.
내가 '삐꾹'이라고 말할 때마다 킥킥이는 생각하는 거야. 알겠지?
자, 지금부터 시작이다아르!

앨리스는 늦었다면서 시계를 들고 뛰어가는 토끼를 쫓아가고 있었어. 그런데 그 토끼가 어떤 구멍으로 들어가지 뭐야? 그래서 앨리스도 따라 들어갔지. 그런데 그 구멍의 깊이가 어찌나 깊은지 말도 못 해! 글쎄 끝도 없이 내려가는 거야. 처음에는 756m라고 적혀 있는 부분에서 잠시 멈추더니 또다시 미끄럼틀을 타는 것처럼 내려가기 시작해서 567m를 더 내려갔어. 그렇게 한참을 내려간 후에야 멈출 수 있었어.
앨리스는 과연 구멍 속으로 모두 얼마나 내려갔을까?

앨리스가 처음에는 [756] m 내려갔고, 그다음에 [567] m 내려갔으니까 전체 내려간 거리를 구하려면 [756] 과 [567] 의 [합] 을 구해야 합니다. 몇백을 기준으로 나누어서 계산하는 과정입니다.

$$(756\ \boxed{+}\ \boxed{567}) = (700 + 56)\ \boxed{+}\ (\boxed{500} + 67)$$
$$= (700 + 500) + (\boxed{56} + \boxed{67})$$
$$= \boxed{1200}\ \boxed{+}\ 123$$
$$= \boxed{1323}$$

세로 셈으로 계산해 봅니다.

$$\begin{array}{r} {\scriptstyle \boxed{1}\boxed{1}\boxed{1}} \\ 756 \\ \boxed{+}\ \boxed{567} \\ \hline \boxed{1323} \end{array}$$

따라서 앨리스가 구멍 속으로 내려간 전체 거리는 [1323] m입니다.

이번에는 뺄셈에 대해 생각해 볼까?

구멍 속으로 끝없이 떨어지던 앨리스가 처음에는 756m라고 적혀 있는 부분에서 잠시 멈추더니 또다시 567m를 더 내려갔다고 했지? 그럼 첫 번째 내려간 곳이 두 번째 내려간 곳보다 얼마를 더 내려간 걸까?

앨리스는 토끼가 들어간 구멍 속으로 미끄러졌습니다. 처음 미끄러져 내려간 곳이 잠시 멈췄다가 다시 내려간 곳보다 얼마나 더 내려간 걸까요?

앨리스가 첫 번째 내려간 거리인 756m가 두 번째 미끄러져 내려간 거리인 [567] m보다 얼마나 더 내려갔느냐를 구하는 문제입니다.

이것을 구하려면 756과 [567] 의 [차] 를 구해야 합니다.

수 모형을 보며 세로 셈을 써 보고, 그 뺄셈 방법을 설명합니다.

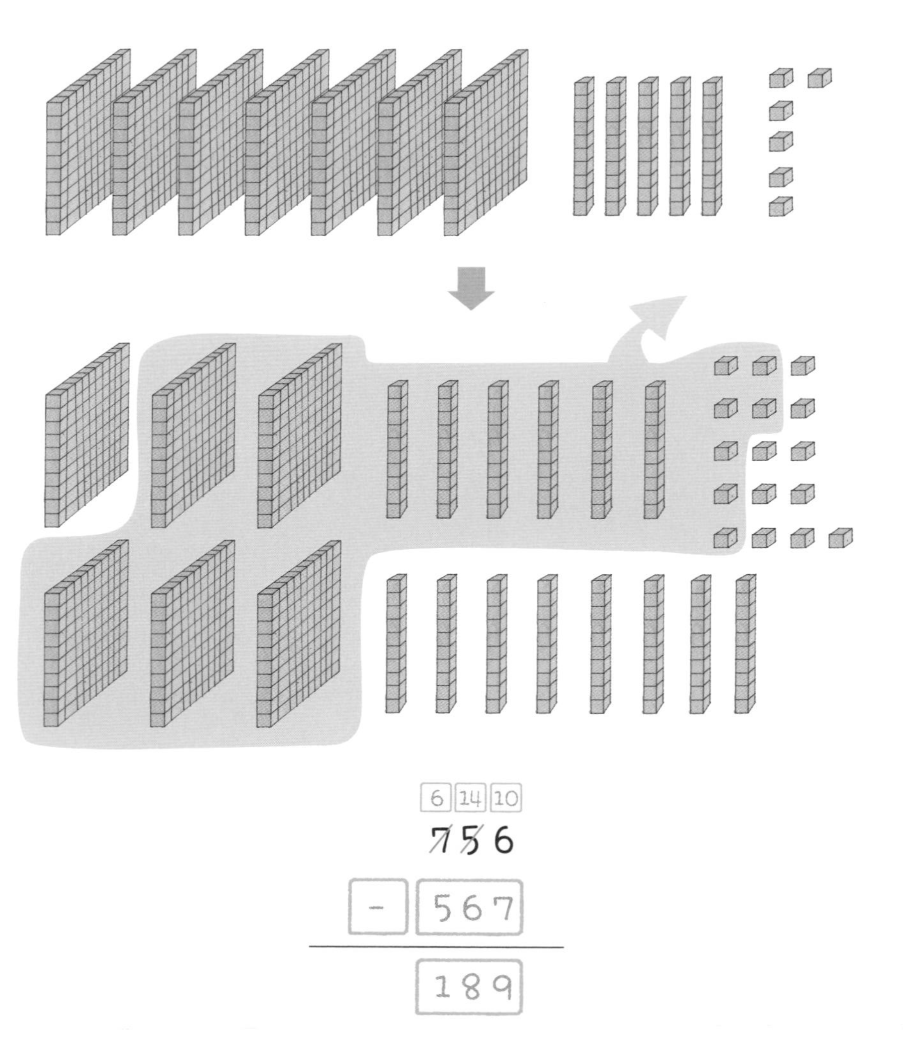

백 모형 6개에서 5 개를 덜어 내면 1 개가 남고,
십 모형 14개에서 6 개를 덜어 내면 8 개가 남고,
일 모형 16개에서 7 개를 덜어 내면 9 개가 남습니다.
따라서 756 - 567 = 189 이므로, 앨리스는 첫 번째 내려갈 때
두 번째보다 189 m를 더 내려갔습니다.

덧셈과 뺄셈을 하는 방법도 알았으니 이제 큰 수로 계산을 해 볼까?

구멍으로 빠졌던 앨리스는 쿵! 하고
나무와 마른 나뭇잎 더미에 떨어지고 말았어.
벌떡 일어나 위를 보았지만 너무 어두웠어.
앨리스는 주변을 살펴보았어. 그런데 앞에 긴 통로가
하나 있고 흰 토끼가 그리로 사라지는 모습이 보였어.
앨리스는 토끼를 따라 통로로 들어갔어. 통로 벽을 따라 수많은 문들이
있었지만 모두 잠겨 있었어. 앨리스는 토끼를 따라가다가 세 발 달린 작은 탁자 위에
숫자 카드 5장과 쪽지가 놓인 것을 보았어. 그때 어디선가 큰 소리가 들려왔어.
"숫자 6, 2, 0, 4, 9가 적힌 카드 5장을 한 번씩만 사용해서 다섯 자리 수를 만들어!
가장 큰 수와 가장 작은 수의 합을 말하면 네가 들어가야 할 문을 열어 주지!"
앨리스는 카드로 다섯 자리 수를 만들고 합을 말했어.
그러자 통로의 문이 열렸지. 앨리스가 말한 수는 얼마일까?

앨리스는 숫자 카드 5장으로 가장 큰 다섯 자리 수와 가장 작은 다섯 자리 수의 합을 말했습니다. 앨리스가 말한 수는 얼마일까요?

탁자 위에 있던 숫자 카드의 숫자는 6, 2, [0], [4], [9] 입니다.
가장 큰 수를 만들기 위해서는 높은 자리부터 큰 숫자를 늘어놓으면 됩니다.

[9] > 6 > [4] > 2 > 0

따라서 가장 큰 수는 [96420] 입니다.
가장 작은 수를 만들기 위해서는 높은 자리부터 작은 숫자를 차례로 늘어놓으면 됩니다. 하지만 가장 높은 자리에 [0] 은 올 수 없으므로 가장 작은 수는 [20469] 입니다.
따라서 두 수의 합은 [96420] + [20469] 를 구하면 됩니다.

$$\begin{array}{r} 96420 \\ +\ 20469 \\ \hline 116889 \end{array}$$

앨리스가 말한 수는 [116889] 였구나. 앨리스가 합을 말하자 통로의 문 하나가 활짝 열렸다지 뭐야!

수학시험

점수 50

자, 마지막으로 네가 시험을 망친 이유를 말해 줄게!
479라는 수는 4라는 숫자와 7이라는 숫자, 그리고 9라는 숫자로 만들 수 있는 수야. 그러나 각 숫자가 의미하는 수는 달라. 4는 400, 7은 70, 9는 9라는 수를 나타내지.
킥킥이가 수학 시험을 망친 이유는 수의 의미와 덧셈과 뺄셈의 의미를 생각하지 않고 계산만 반복해서 연습했기 때문이야. 그러니까 이제부터 수학 공부를 할 때는 문제를 많이 푸는 것보다, 문제에서 말하는 수학적 개념의 의미를 꼭 한 번 생각해 보고 문제를 풀도록 해.
알았지?

꿈꾸는 세상

내가 상상한 받아올림 없는 세상

376 + 297 = 563

틀렸어!!!

틀린 것을 어떻게 알았느냐고? 만일 이 덧셈이 맞는다면

다음 뺄셈의 답이 '297'이 나와야 해.

```
  10 10
 4 5
 5̸6̸3
- 376
------
 187
```

답이 187이 나왔으니 위의 덧셈은 틀렸지. 뭐가 틀렸을까?

그래! 받아올림을 하지 않았어.

그런데 이런 계산이 맞는 세상이 있다면 어떨까?

어떤 일이 일어날지 한번 상상해 봐!

딸기잼을 아무리
부어도 병이 차질 않아~

혼자 곱절로 갖는다고?
: 어림하기, 반올림, 올림, 버림

시꾸기는 1시간마다 나와서 아무것도 모르는 척하면서
'빼꾹'만 외치고 들어갑니다.
정각 8시가 되자 시꾸기는 '빼꾹'을 여덟 번 외칩니다.
킥킥이가 학교 갈 시간입니다.
오늘따라 킥킥이가 시계 앞에서 오랫동안 머뭇거립니다.
간밤에 즐거운 시간을 보내 놓고 자기를 모른 척하는 시꾸기에게
섭섭한 마음이 드는 모양입니다.

3학년 1학기 ■ 나눗셈, 곱셈
3학년 2학기 ■ 곱셈, 나눗셈
4학년 1학기 ■ 곱셈과 나눗셈
4학년 2학기 ■ 어림하기

뻐꾹
뻐꾹
뻐꾹
뻐꾹
뻐꾹
뻐꾹

과자를 똑같이 나누라고요?

킥킥이가 동생 하하와 저녁을 먹고 있습니다. 하하는 어묵 반찬을 좋아합니다. 동그란 어묵을 젓가락으로 집다가 그만 젓가락을 놓쳐 버렸습니다. 식탁 위에 떨어뜨린 젓가락을 양손에 집어 들고 십자가 모양을 만들어 보입니다. 킥킥이는 하하의 행동을 보며 고개를 갸웃거립니다.

"하하야, 빨간 신호등은 멈추라는 신호이고, 녹색 신호등은 건너가라는 신호지?"

"응."

"그런데 그건 무슨 신호야?"

하하는 젓가락으로 만든 십자가를 킥킥이 얼굴 가까이 가져가면서 빙그레 웃습니다.

"흡혈귀는 십자가와 마늘을 무서워해. 흡혈귀가 얼마나 무서운 괴물인지 형도 알지? 흐흐흐."

"알아. 그런데 왜 나한테 십자가를 보이는데? 내가 흡혈귀야?"

"어제 형 가방에서 본 게 있어. 수학 책이었는데, 그 책에 이 십자가가 잔뜩 그려져 있는 걸 봤어. 나한테 말 못 할 이유가 있는 거야? 혹시 그 책에 흡혈귀를 막는 방법이 있어? 말해 봐. 비밀은 하하가 지킨다!"

"언제 내 가방을 열어 봤어?"

킥킥이는 얼굴을 찌푸리며 하하를 노려봅니다.

"거실에서 가방이 뒹굴고 있던데?"

하하는 천연덕스러운 표정을 짓습니다.

"그래? 하여튼 그 십자가는 이렇게 엑스 자처럼 옆으로 쓰러져 있잖아. 네가 나한테 보인 것은 완전 십자가였어. 내 수학 책에 있던 쓰러진 십자가는 다른 거야."

"그 쓰러진 십자가는 뭔데?"

"곱셈을 나타내는 기호야."

"곱셈?"

"그래. 곱셈을 나타내는 기호라고."

하하는 고개를 갸웃거립니다.

"얘들아, 그만하고 어서 먹어."

엄마가 냉장고에서 과일을 꺼내며 말했습니다.

"띵동, 띵동."

초인종 소리에 엄마는 사과를 깎다 말고 현관문 쪽으로 갔습니다.

그리고 한참을 누군가와 이야기를 나눈 뒤에 돌아왔습니다.

"엄마, 누구예요?"

"인구 조사. 우리 집 식구가 몇인지 조사하러 왔어. 얼마 전 신문에서 봤는데 서울 인구가 정말 늘긴 늘었더라. 조선 초 한성부 도성 안 인구는 10만 명 내외였는데."

"엄마, 엄마는 그때부터 지금까지 산 거야? 어휴."

하하는 신기하다는 듯이 눈을 동그랗게 뜨고 탄성을 지릅니다.

"아니, 책에서 봤어. 조선 말까지 20만 명 수준을 유지하다가, 1910년에는 27만 8958명이었대. 그런데 조선에 머물러 사는 일본인이 급격하게 증가해서 인구가 계속 늘어났지."

"그래서요?"

킥킥이도 흥미로운지 목을 길게 빼고 엄마 말에 귀를 기울입니다. 엄마는 거실로 뛰어가더니 책 한 권을 가져와 한 페이지를 펼칩니다.

"여기 있다! 그러니까 1945년 8·15광복 당시에는 90만 명을 초과했다가 그 이후로는 계속 인구가 증가했어. 그런데 6·25전쟁이 일어난 1951년에서 1952년에는 인구가 100만 명 이하 또는 미만으로 떨어지기도 했어. 참 가슴 아픈 과거지. 그리고 서울을 되찾고 나자 다시 100만 명 이상의 도시가 되었고, 1959년에는 200만 명을 초과한 거야. 경제 개발을 본격적으로 시작한 1960년대부터 인구가 엄청 늘어나서 1970년에는 543만 3198명이었으니까 약 543만 명이라고 할

수 있겠지?"

"엄마, 543만 3198명이라고 하고 왜 약 543만 명이라고 하세요?"

"반올림한 거야."

"반올림?"

"정확한 수를 말할 때도 있지만 정확한 수가 필요 없을 때는 어림수를 말할 수도 있거든. 만의 자리까지 구하고 싶을 때는 천의 자리에서 어림을 하면 돼. 어림을 하는 방법은 반올림, 올림, 버림이 있어. 여기서는 반올림을 해 볼까? 인구수가 543만 3198명이잖아. 여기에서 만의 자리 미만을 반올림하여 나타내 보자. 반올림은 구하려는 자리의 한 자리 아래 숫자가 0, 1, 2, 3, 4이면 0으로 하고, 5, 6, 7, 8, 9이면 10으로 나타내는 방법이야. 인구수에서 구하려는 수가 만의 자리 미만을 반올림한 수니까 한 자리 아래인 천의 자리 숫자가 얼마인지 확인해야 해. 여기서는 3이니까 0으로 하면 돼. 그 아랫자리도 모두 0으로 쓰는 거야. 그러면 543만 명이 되지. 버림과 올림도 궁금하지? 올림은 그 자리의 숫자가 어떤 숫자이든지 10으로 하는 것이고, 버림은 0으로 하는 거야. 인구수를 만의 자리까지 올림하면 544만 명이 되고, 버림을 하면 543만 명이 돼. 버림을 한 번 더 해 볼까? 인구수 543만 3198을 십의 자리에서 버림을 하면 543만 3100명이야. 그리고 백의 자리에서 올림을 하면 543만 4000명이 되지. 어때? 이제 알겠니?"

"그렇게 해도 돼요? 수학은 항상 정확해야 하잖아요?"

만의 자리 미만을 반올림할 때,
천의 자리 숫자가 0, 1, 2, 3, 4일
때는 '0'으로 5,6,7,8,9일 때는
'10'으로 나타내는 거야!

5433198 → 5430000 반올림

5433198 → 5440000 올림

5433198 → 5430000 버림

천 자리 이하 버리기

"수학은 우리 생활을 편리하게 하고 세상에 숨겨진 규칙을 탐구하는 과목이잖니. 상황에 따라서는 어림수가 필요할 때가 있거든. 아 참, 아까 하던 얘기를 계속하면…… 1970년 이후로는 서울 인구가 계속 늘었어. 현재는 약 1053만 명 정도니……."

"그 수도 어림수예요?"

"그래. 늘어나는 수가 정말 놀랍지? 1900년대 초반에서 2014년 현재까지 100년이 조금 넘었는데 인구수는 52배가 넘잖아."

"엄마, 그건 또 어떻게 아세요? 신문에 나와요?"

"아니, 엄마가 계산했지롱."

"무슨 계산?"

"1053만 명이 20만 명의 몇 배가 되는지 계산했다고."

"와, 그렇게 큰 수를 어떻게 계산해요?"

"우리 하하가 곱셈을 알고 있니? 곱셈을 알아야 계산 방법을 이해하는데."

"몰라요."

엄마는 아쉬워하는 하하의 머리를 쓰다듬어 주었습니다.

"엄마, 곱셈은 몰라도 내 생일은 즐겁겠죠?"

엄마는 엉뚱한 말로 분위기를 바꾸는 하하를 보면서 큰 소리로 웃었습니다.

"킥킥아, 너는 내일이 동생 생일인 거 알아?"

"네? 깜빡했어요."

"혀엉엉으으으."

하하는 실망한 얼굴로 형을 보았습니다.

"미안, 동생."

"아직 네 생일까지는 시간이 남았잖니? 그리고 형이 네 선물 준비하는 것 같던데?"

"엄마 말씀이 맞아! 내가 너한테 선물 사 주려고 돈도 모았어. 500원짜리가 생길 때마다 모았다니까. 어제 세어 보니까 12000원이나 되더라고."

"와, 정말? 얼마 동안 모은 건데?"

"6개월."

“형! 그럼 한 달에 얼마씩 모은 거야?”

“글쎄, 아직 계산을 안 해 봤는데.”

“해 봐. 형은 곱셈도 잘하잖아.”

“이건 곱셈으로 해결할 수 있는 문제가 아니야!”

“정말?”

“음…… 으응.”

킥킥이는 서둘러 밥을 크게 한 숟가락 떠서 입에 넣었습니다.

“킥킥아, 엄마가 하하 생일 준비하는 것 좀 도와줘. 오븐 옆에 종이 접시 4개를 꺼내 놓았거든. 조금 있으면 오븐에서 과자를 37개 꺼내 놓을 테니, 종이 접시에 똑같이 나눠서 담아 줘.”

“네!”

대답은 자신 있게 했지만, 킥킥이는 수학 시간에 배운 내용이 잘 생각나지 않았습니다. 분명 똑같이 나누려면 곱셈을 거꾸로 계산하는 ‘나눗셈’을 해야 한다는 점을 기억하고 있었습니다. 그러나 접시 한 개에 몇 개의 과자를 담아야 하는지, 한 달에 얼마를 저축했는지를 구하려면 곱셈을 해야 하는지 나눗셈을 해야 하는지 자신이 없었습니다.

“엄마, 과자는 내일 담을게요.”

“왜, 지금 안 하고? 엄마가 도와줄까?”

“아니요. 제가 책임지고 내일 담을게요!”

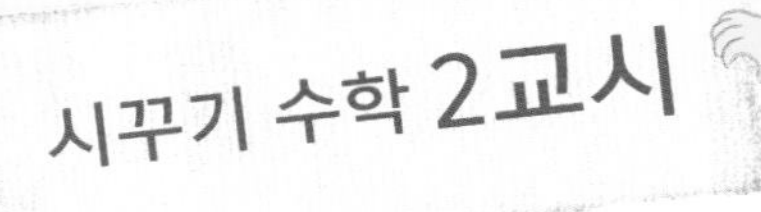

곱셈과 나눗셈, 수의 범위와 어림

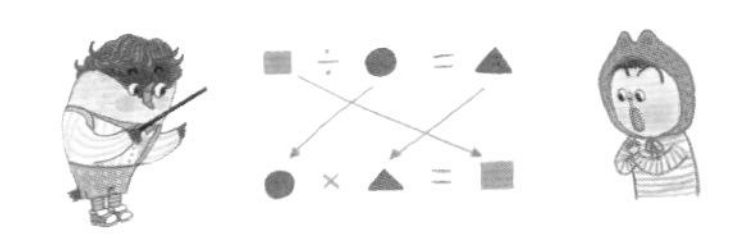

킥킥이는 잠이 안 왔습니다. 동생 생일을 위해 한 달에 얼마씩 돈을 모았는지, 과자를 어떻게 나누어야 하는지 알고 싶을 때 사용해야 하는 연산이 곱셈인지, 나눗셈인지 정확히 몰랐기 때문입니다. 더군다나 엄마한테 내일 책임지고 과자를 담아 놓겠다고 큰소리를 쳤습니다. 그래서 오늘은 반드시 시꾸기에게 물어봐야 합니다.

킥킥이는 12시가 될 때까지 기다렸다가 뻐꾸기시계가 열두 번째 '뻐꾹'을 외치고 나자 큰 소리로 말했습니다.

"수학을 가르쳐 줘!"

"안녕? 킥킥, 오늘은 무슨 일?"

"안녕…… 그런데 아침에는 왜 모르는 척하는 거야?"

"규칙이야."

"어기면 어떻게 되는데?"

"다시는 깨어날 수 없어!"

"정말? 무섭다……."

"그걸 물어보려고 날 깨운 거니?"

킥킥이는 고개를 절레절레 흔들었습니다.

"사실은…… 곱셈과 나눗셈이 헷갈려. 같은 수를 더하는 건 곱셈으로 나타내고, 똑같이 나눌 때는 나눗셈을 한다는 건 알거든. 그런데도 모르겠어."

"그럴 수 있어. 잘 깨웠다. 삐꾹! 지금부터 설명을 할 테니 잘 들어."

다시 한 번 말하지만, 수학은 방법을 외우고 익히는 것보다 개념을 알고 이해하는 게 제일 중요해. 그러니까 곱셈이 무엇인지부터 알아봐야겠지?

곱셈이란, 2개 이상의 수나 식을 곱하는 계산이야. 기호는 '×'로 나타내고.

곱셈이 어떤 의미냐고?

한 접시에 달걀을 2개씩 담아서 5접시를 내놓으려고 할 때, 필요한 달걀 수는 몇 개일까? 이럴 때는 2를 다섯 번 더해야 하잖아.

2 + 2 + 2 + 2 + 2와 같이 2를 다섯 번 더할 것을 간단하게 2 × 5로 나타내고 2 곱하기 5라고 말해.

$$2 \times 5 = 2 + 2 + 2 + 2 + 2 = 10$$

'2×5=10'은 '2 곱하기 5는 10과 같다.'고 읽어. 또 다르게 표현할 수도 있어.

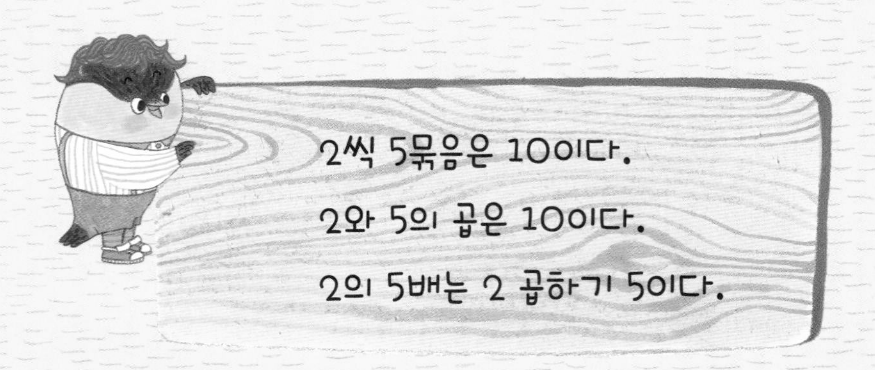

우리가 일반적으로 사용하는 '몇 배', '곱절'이란 표현도 곱셈과 관련된 말이야. "몇 곱절로 갚아라." 또는 "값이 몇 곱절로 뛰었다."는 말을 들어 본 적이 있을 거야.

곱절과 비슷한 말에 '갑절'이라는 말도 있어. '곱절'과 '갑절'의 뜻이 어떻게 다른지 아니?

'곱절'은 몇 배나 된다는 뜻으로 곱셈과 같은 의미이고, 어떤 수나 양을 여러 번 합한다는 뜻이야.

하지만 '갑절'은 달라. '갑절'은 2배라는 뜻이야. 그러니까 어떤 수나 양 곱하기 2를 한다는 뜻이지.

이렇게 **언어는 일상생활과 밀접하게 연결되어 있고, 우리가 생활에서 사용하는 언어들 가운데는 수학과 연관되어 있는 언어들도 있어. 수학과 생활은 떼려야 뗄 수 없는 관계**니까. 하지만 생활 속에서 사용하는 언어가 수학에서 사용하는 언어와 같지는 않아. 일상적으로 사용하는 갑절이라는 개념이 곱셈과 동일한 것이 아니듯이 말이야.

곱셈은 사람들이 덧셈을 하다 보니 같은 수를 반복해서 더하는 것을 곱셈이라고 약속하면 좀 더 복잡한 계산을 쉽게 할 수 있을 것이라고 생각하면서 만들어진 거야호~. 이 기호를 만든 사람이…… 음…… 그러니까 1631년 영국의 수학자 오트레드(William Oughtred, 1574~1660)야. 오트레드가 십자가 모양을 본떠서 곱셈 기호를 만들어 사용했다고 해.

자, 그럼 곱셈을 해 볼까?

3 × 6 =18이란 3을 여섯 번 더한다는 뜻이야. 그럼 이번엔 3을 30이라고 생각해 볼까? 30 × 6의 곱은 30을 여섯 번 더한 거야. 그럼 3의

6배의 10배가 된다고 볼 수 있겠다.

그러니까 결국 3×6의 곱에 0을 하나 더 붙이면 돼.

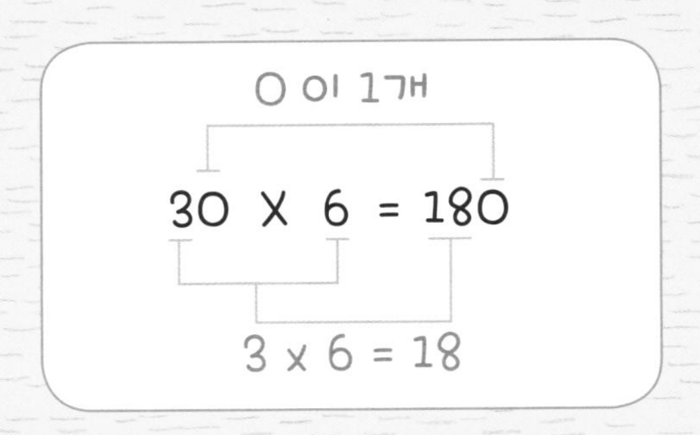

수학은 이렇게 규칙을 찾을 수 있는 능력이 중요해. 우리 킥킥이도 한 발짝씩 앞으로 나아가게 될 거야. 삐꾹!

곱셈과 나눗셈은 아주 친해.

4 × 5 = 20이라는 곱셈 식을 보면 어떤 생각을 해?

4의 5배는 20이라는 생각?

그러면 20에는 4가 몇 번 들어갈까? 20을 4등분하려면 몇 개씩 나누면 될까? 이 답을 구하려면 어떤 연산을 해야 할까?

그래, 바로 나눗셈이야!

20 ÷ 4 = 5로 표시하고 '20 나누기 4는 5와 같다.'고 읽지.

4 곱하기 5는 20이 되고, 20에는 4가 다섯 번 들어가고,

20을 나누는 수인 4를 '나누는 수'라고 하고, 5를 '몫'이라고 해.

그래서 곱셈과 나눗셈은 아주 친하다고~양이.

곱셈이 덧셈을 편하고 빠르게 하기 위해서 만든 개념이라면, 그 곱셈과 관련된 나눗셈은 곱셈하고만 관련이 있을까?

아니야, 아니야! 나눗셈은 뺄셈과도 관련이 있어.

20에서 4를 다섯 번 빼면 0이 되지? 20에서 5를 네 번 빼도 0이 되고! 이 말을 다시 하면 20에 4가 5개 들어 있다는 말이야! 또 20에 5가 4개 들어 있다는 말도 되고. 그러면 20 - 4 - 4 - 4 - 4 - 4 = 0이고, 20 - 5 - 5 - 5 - 5 = 0이야.

나눗셈의 의미를 더 생각해 볼까?

먼저, 과자 20개를 한 접시에 4개씩 담으면 몇 개의 접시가 필요할까? 자, 잘 들어 봐.

나눗셈은 같은 양이 **몇 번 포함되는지**를 알아보는 거야. 이런 의미를 **포함제**라고 해.

그리고 4개의 접시에 똑같이 담으려면 한 접시에 **몇 개씩 나눠야 하는지**를 생각해야 하잖아? 이것은 똑같이 나누어 한 부분의 크기를 알아보는 나눗셈으로 **등분제**라고 해.

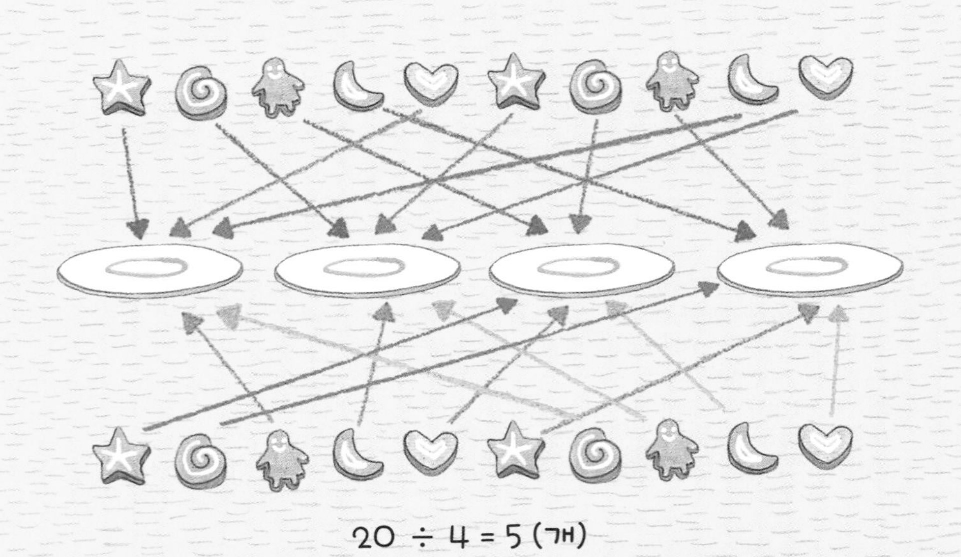

이렇게 나눗셈에는 두 가지 뜻이 있지만 나눗셈 식으로 나타낼 때는 모두 20 ÷ 4 = 5로 나타낼 수 있어.

자, 이번에는 나누어떨어지지 않는 나눗셈을 생각해 보자.

친구 8명과 함께 킥킥이가 과수원을 갔다. 오호, 신나지?

나무에 사과가 주렁주렁 달려 있어. 친구들과 장난을 하면서 사과 37개를 땄다고 하자. 모든 친구들이 함께 땄으니까 똑같이 나눠서 집으로 가져가야겠지?

그럼 몇 개씩 가져갈 수 있을까~악까악?

빼꾸욱~!

친구들과 킥킥이 모두 9명이니까 37에 사과 몇 개씩 아홉 번 들어가는지 생각해야겠지?

아이들 9명이 똑같은 수의 사과를 갖기 위해서 한 사람이 몇 개씩 가져야 할까?

9 곱하기 4는 36이고

9 곱하기 5는 45니까

37에는 9가 4번 있고 1이 남는다는 것을 알 수 있겠지?

그러면 9명의 아이들은 사과 4개씩 갖고, 나누지 않은 사과가 1개 남겠군.

이처럼 자연수(1, 2, 3, 4,⋯)를 나눌 때 나머지가 있는 나눗셈을 통해서 '나머지'라는 새로운 개념을 알았네? 새로운 것을 발견하면 이미 알고 있는 개념과 관련해서 설명을 해야 하는 시꾸기~러기. 빼꾸욱!

37 나누기 9는 몫이 4이고 나머지가 1이 된다.

37 ÷ 9 = 4 ... 1

이 계산이 맞는지도 확인해 봐야 해.

내가 한 계산이 맞는지 확인하기 위해서는 **검산**을 해.

이때 나눗셈이 올바르게 되었는지를 나눗셈과 반대 개념인 더하고 곱하는 방법으로 확인할 수 있는데, 그 식이 바로 '검산 식'이야.

검산 식은 **나누는 수 × 몫 + 나머지 = 나눠지는 수.**

그러므로 9 × 4 + 1 = 37로 쓰지.

만일 나누어떨어진다면 더할 나머지가 0이 되겠지.

나누어떨어지지 않을 때는 나머지가 0이 아닌 수(자연수)이고.

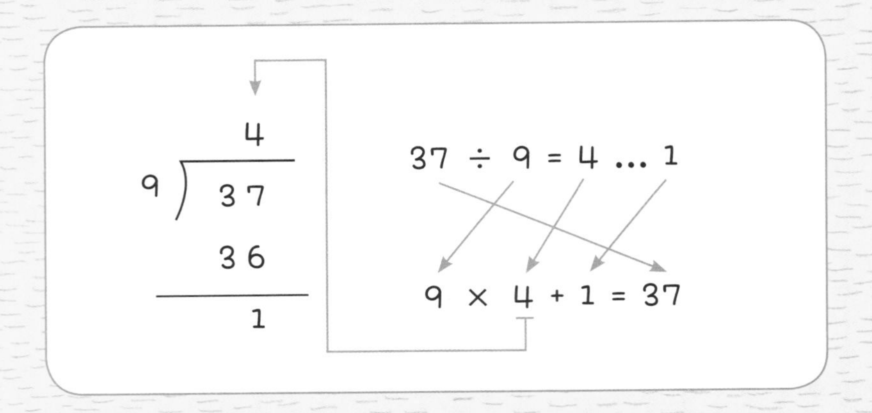

나눗셈 기호는 분수에서 만들어졌어. 분수는 분자를 분모로 나눈다는 나눗셈을 표현하고, 그것을 기호로 바꾼 것이 바로 '÷' 기호야.

나눗셈 기호를 처음 사용한 사람은 1659년 스위스의 수학자 하인리히 란(Johann Heinrich Rahn, 1622~1676)이야. 하지만 당시 사람들은 이 기호를 거의 사용하지 않았어. 현재 한국과 미국, 일본, 영국이 이 기호를 사용하고, 다른 나라에서는 이 기호 대신 분수로 나타내고 있지.

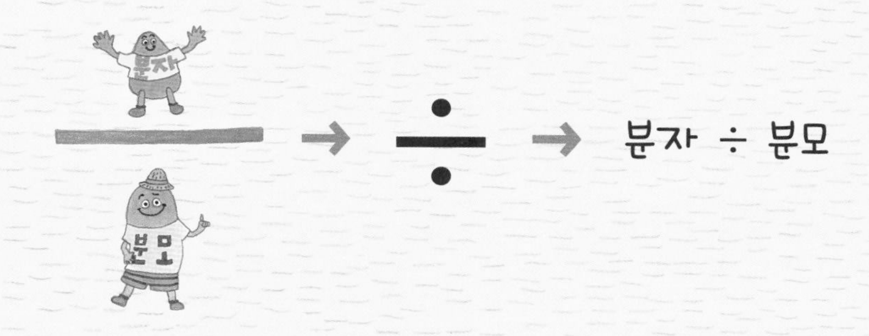

빼꾹~ 나눗셈을 사용해야 한다는 것을 어떻게 알까?

우리가 **같은 양으로**, **똑같이 나눠서**와 같이 전체를 등분하는 상황과 관련된 언어를 사용할 때는 **나눗셈**이 필요한 경우야.

킥킥이가 매일 같은 금액으로 돈을 모은 경우도 마찬가지야.

자, 곱셈과 나눗셈을 알았으니까 세 자리 수와 두 자리 수의 곱셈과 나눗셈을 어떻게 계산하는지 알아보자.

내가 가장 좋아하는 과일이 사과야! 시꾸기 과수원에 있는 사과나무에는 모두 똑같은 수의 사과가 열린다~람쥐. 사과나무 한 그루당 188개의 사과가 열리는데 모두 29그루의 나무가 있지. 그러면 모두 몇 개의 사과를 수확할 수 있을까?

29그루가 모두 188개의 사과를 가지니까 29 곱하기 188을 하거나

188 곱하기 29를 하면 되겠지? 188 × 29는 얼마쯤 될까? 188에 가까운 200과 29에 가까운 30의 곱으로 생각하면 200 × 30 = 6000이니까 사과는 대략 6000개 정도 수확한다고 보면 되겠다.

(몇백) × (몇십)은 (몇) × (몇)을 계산한 다음 그 값에 곱하는 수들의 0의 개수만큼 0을 쓴다는 것을 기억해.

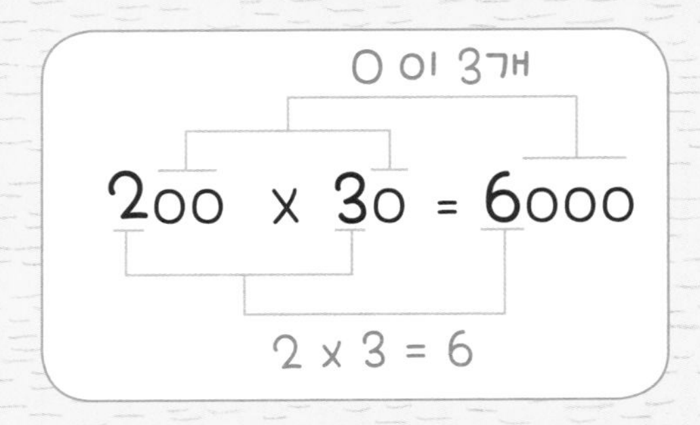

이제 정확한 값을 구해 볼까?

188 곱하기 29는 188을 29번 더하는 거야. 그러면 188을 20번 더하고, 188을 9번 더한 후 모두 합하면 되겠지? 188 × 29를 계산해 보자.

①

188
× 9
1692

\+

②

188
× 20
3760

➡

③

188
× 29
1692
3760
5452

❶ 세 자리 수와 두 자리 수의 일의 자릿수를 계산하고,

❷ 세 자리 수와 두 자리 수의 십의 자릿수를 계산한 후에

❸ 두 곱셈의 계산 결과를 더한다.

아까 우리가 어림한 수와는 차이가 좀 있네. 그렇지? 그럼 이렇게 수확한 사과를 188개의 상자에 나눠 담으려면 몇 개씩 담아야 하지? 그렇지, 29개씩! 삐꾹~ 하지만 우리는 항상 사과 5000개는 그냥 남겨 두어야 해. 나머지 452개의 사과만 16개 상자에 담아야 하지. 그러면 한 상자에 몇 개씩 넣어야 할까?

452 ÷ 16을 계산해 보자.

먼저 16의 몇 배가 452가 되는지를 생각해야 해.

16 × 10 = 160

16 × 20 = 320

16 × 30 = 480이니까 452는 320보다 크고 480보다 작으므로 몫은 20과 30 사이겠지?

직접 계산을 해 볼까?

아하~!
알고 나니 빨리 계산해 보고 싶다~

$16 \times 7 = 112$

8 ······ $16 \times 8 = 128$

$16 \times 9 = 144$

```
      20                    28
16 ) 452        →     16 ) 452
     320                   320
     132                   132
                           128
                             4
```

계산한 몫과 나머지가 맞는지 검산을 해 볼까?

나누는 수 / 나머지

$16 \times 28 + 4 = 448 + 4 = 452$

몫

(세 자리 수) ÷ (두 자리 수)는 세 자리 수 중 왼쪽 두 자리 수부터 먼저 나누고, 남은 나머지와 일의 자릿수를 더하여 다시 나누면 돼. 나눠지는 수가 (네 자리 수)나 (다섯 자리 수)가 되더라도 문제없지? 왼쪽 자리부터 (나누는 수)와 (몫)의 곱을 추측해서 결정하면 되니까!

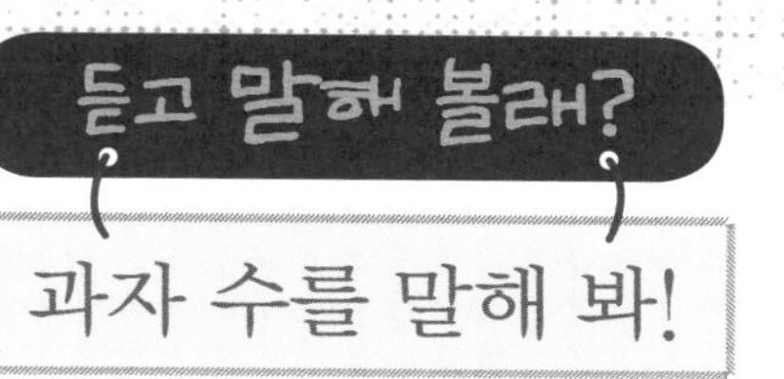

과자 수를 말해 봐!

킥킥아, 매달 같은 액수로 6개월간 저금을 해서
12000원을 모았다고 했지?
그럼 한 달에 얼마씩 모았는지 알려면 어떤 계산을 해야 할까?

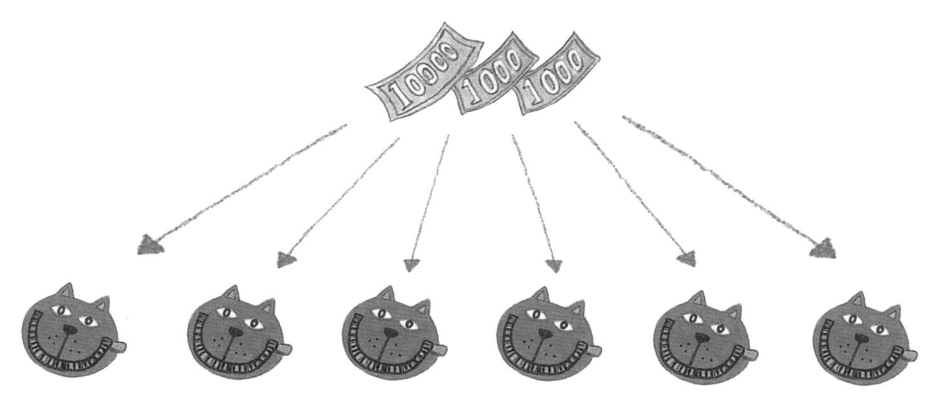

매달 같은 금액으로 여섯 번 저금해서 12000원이 되었으니까
12000 나누기 6을 하면 되지?

맞아. 하지만 계산하는 방법에 대하여 생각을 해 보자.
16을 4로 나누면 4잖아. 160을 4로 나누면 40이 되고
1600을 4로 나누면 400이 되지. 나눠지는 수에 '0'이
하나씩 늘어날 때마다 몫에도 '0'이 하나씩 늘어나고 있어.
그러면 12000 나누기 6은 얼마일까?

12를 6으로 나눈 몫이 2라고 했잖아.

12의 1000배가 12000이고 '0'이 3개 늘어났으니까

몫도 '0'이 3개 늘어나야 해. 답은 2000이야.

그러니까 2000원씩 6개월간 저축을 한 거였구나!

킥킥아, 그리고 엄마께서 과자 37개를 4개의 접시에
똑같이 나눠 담으라고 하셨지?

응. 과자 37개를 4개의 접시에 똑같이 나눠 담으라고 하셨어.
몇 개씩 담아야 하는 거야?

37개를 4등분하라고 하시는 거잖아.
그러면 어떻게 계산해야 할까?

37 나누기 4?

그래, 맞아!
똑같이 나누는 것이니까 나눗셈을 하면 돼.

37 나누기 4를 어떻게 계산하면 될까?

4 곱하기 9가 36이야.

그래. 그러면 37개의 과자를 4개의 접시에
똑같이 담으려면 몇 개씩 담아야 하지?

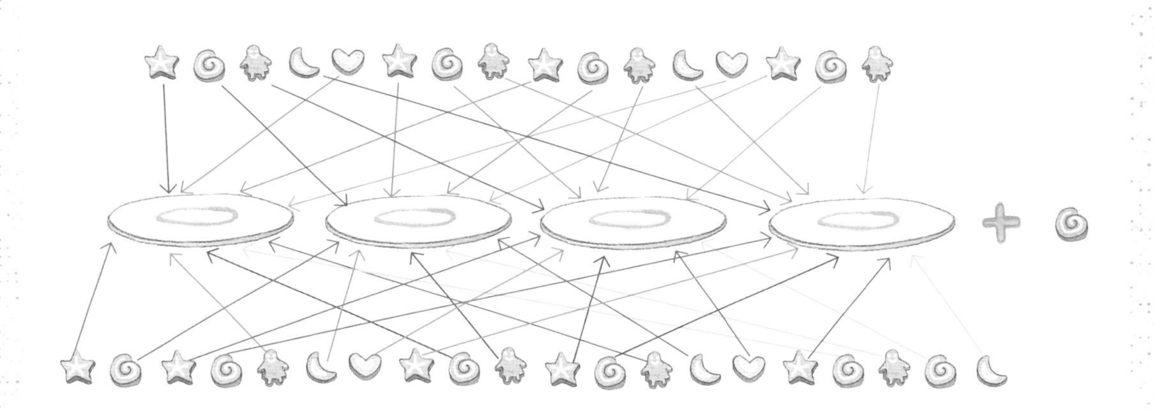

4 곱하기 9가 36이니까, 37 나누기 4를 하면 몫은 6이고
나머지는 1이야. 그러면 한 접시에 9개씩 담으면 되겠다.
그런데 남는 과자 1개는 어떻게 해?

네가 먹으면 되지!
맞는지 확인도 해야지.

알겠어.

4 곱하기 9는 36이고, 거기에 남은 과자 1개를 더하면

처음 과자 수인 37이 돼.

이제 남은 과자는 내가 먹어도 되지. 야호~

이번에는 과자 수를 10배로 늘려서 해 볼래?
초대하는 친구 수도 늘어나겠지?
과자 수가 370개고 9개씩 한 접시에 담는다면
접시가 몇 개 필요할까?

이번에는 한 접시에 담기는 과자 수가 아니라 접시 수를 구해야 하네.
이 경우도 나눗셈을 하면 돼. 370 나누기 9.

나눗셈을 하는 방법은 큰 자릿수부터 봐야 해.
'나눠지는 수 370'에 '나누는 수 9'가 몇 번 들어가는지를 어림해서
생각하려면 일의 자리부터가 아니라 가장 큰 자리의 숫자를 봐야 해.
덧셈이나 뺄셈, 곱셈은 작은 자리의 수부터 계산하는데
나눗셈은 다르지?

정말 다르다. 하지만 문제없어!
백의 자리 숫자가 3인데…… 9가 안 들어가! 그러면

37에 몇 번 들어가는지를 생각하면 돼.

9 곱하기 4는 36이니까 37 나누기 9의 몫은 4야.

하지만 나머지가 남잖아.

1이 남게 돼.

노노, 아니야, 아니야. 그 1은 십의 자리 숫자니까
10이 남는 거지. 한 번 더 나눠야겠는데?

알겠어.

9 곱하기 1이 9니까 10에는 한 번 들어가겠네.

그럼 몫이 41이 되고 나머지가 1이야.

370 나누기 9의 몫이 41이니까 접시의 수는 41개이고

남는 과자의 수는 1개야.

확인도 해야지?

41 곱하기 9는 369니까 나머지인 1을 더하면

370이 나와!

킥킥이의 나눗셈은 정확하다는 말씀!

읽고 써 볼래?

공작부인이 초대한 손님의 수를 써 봐!

다시 앨리스 이야기를 시작해 볼까?

우선 문제에서 구하려고 하는 것이 무엇인지 이야기를 잘 읽고 머릿속에 그려 봐.

그런 다음 곰곰 생각을 하는 거야. 알겠니?

자, 지금부터 시작이다~아르!

앨리스는 커다란 망원경처럼 늘어나는 키와 멀어져 가는 자기 발을 보며 너무 놀랐어. 앨리스가 말했지. "세상에 내 발이 저렇게 멀리 있다니. 이렇게 커다란 배를 채우려면 한 화로에 20개의 과자를 구워야 할 거야. 그런 화로가 132개는 있어야 할 테고……."

앨리스는 눈물이 나오려는 것을 억지로 참았어.

불쌍한 앨리스, 흑흑! 모든 화로에서 똑같이 과자를 20개씩 구울 수 있다면 132개의 화로에서는 앨리스가 먹을 과자를 몇 개 구울 수 있을까?

과자 20개를 [132] 개의 화로에서 똑같이 구워 내니까 [20] 을 [132] 번 더해야 하는 '곱셈' 문제입니다. 곱셈은 곱하는 순서가 달라도 답이 같습니다. [20] × [132] = [132] × [20] 을 계산하면 됩니다.

$$\begin{array}{r} 132 \\ \times \quad 20 \\ \hline 2640 \end{array}$$

132 곱하기 [20] 이므로 132 곱하기 [2] 를 먼저 하고 그 답에 [0] 을 붙이면 됩니다. 따라서 과자는 모두 [2640] 개입니다.

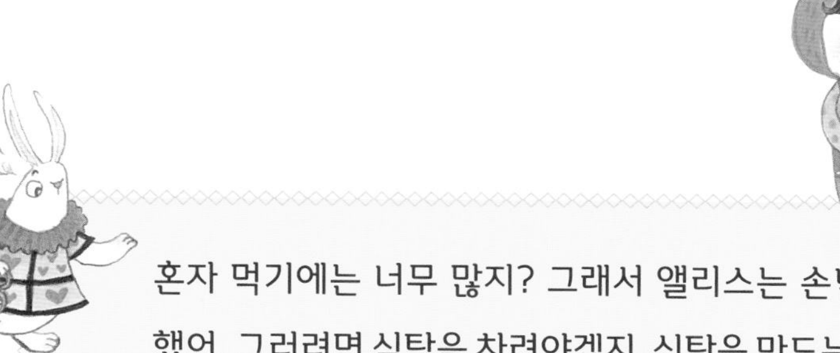

혼자 먹기에는 너무 많지? 그래서 앨리스는 손님을 초대하기로 했어. 그러려면 식탁을 차려야겠지. 식탁을 만드는 데 돈이 좀 들겠는데. 식탁의 값은 공장 가격으로 식탁 다리의 가격을 내면 된대. 식탁 다리 한 개를 생산하는 데 2450원이 든다고 해. 식탁을 9개 만들려면 식탁 다리를 생산하는 데 얼마가 필요한지 구해 볼까? 물론 식탁을 하나 만드는 데 필요한 다리는 4개야. 돈이 얼마나 들까?

손님을 초대하려면 식탁을 만들어야 합니다. 식탁을 만들기 위해 식탁 다리를 생산해 내는 데 필요한 돈은 얼마일까요?

식탁 1개를 만드는 데 [4] 개의 다리가 필요하니까, [9] 개의 식탁을 만들기 위해서는 [4] 개를 [9] 번 더해야 하니 곱셈을 해야 합니다. 식탁 다리의 수는 [9] × [4] 니까 [36] 개입니다.

다리 1개를 만드는 데 필요한 돈은 [2450] 원입니다.

9개의 식탁을 만드는 데 필요한 비용을 구하기 위한 식입니다.

$$\boxed{2450} \times 9 \times \boxed{4} = \boxed{2450} \times 36$$

$$\begin{array}{r} 2450 \\ \times \quad 36 \\ \hline 14700 \\ 7350 \\ \hline 88200 \end{array}$$

따라서 식탁을 만드는 데 필요한 비용은 [88200] 원입니다.

불쌍한 앨리스!
화로에 과자를 굽고 손님을 초대하는 상상을 하다가
후다닥하는 발소리에 정신을 차렸어.
흰 토끼가 멋진 옷을 차려입고 집으로 돌아오는 중이었지.
"이런! 공작부인이 엄청나게 손님을 초대했어.
34인승 마차에 손님들이 빈자리 없이 타고 9대가 왔다고.
아 참, 나중에 한 대가 더 왔다! 나머지 한 대에는 21명의 손님들이 타고 있었어.
그럼 몇 인분의 식사를 준비해야 하지?
남기는 것은 절대로 싫어하시니 딱 맞춰 준비를 해야 하는데.
만일 못 하면 공작부인은 미친 듯이 화를 낼 거야."

손님들은 [34] 인승 마차 [9] 대에는 빈자리 없이 모두 탔고, 나머지 한 대에는 [21] 명이 탔습니다. 이때 손님들이 모두 몇 명인지를 구하는 문제입니다.

손님의 수를 △로 나타내어 식을 세우면 됩니다.

△ ÷ [34] = [9] … 21

△ = [34] × [9] + 21 = [327]

따라서 초대된 손님의 수는 [327] 명입니다.

조건에 맞게 구했는지 확인을 해야 합니다.

구한 손님의 수가 327 이라고 했으니까, 처음에 세웠던 식

△ ÷ 34 = 9 ... 21에 △ 자리에 327 을 넣어 나눗셈을 해서

검산을 해야 합니다.

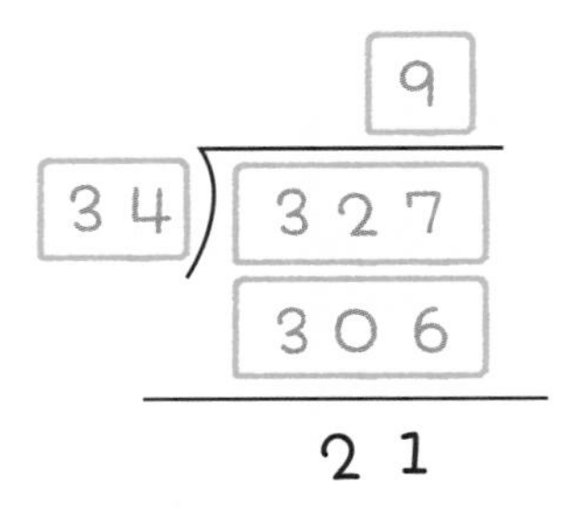

자, 327 ÷ 34 = 9 ... 21이니까 제대로 구했어.

정말 공작부인이 많은 손님을 초대했구나~비야, 나비야. 삐어꾹! 앨리스도 그렇고 킥킥이도 그렇고 곱셈과 나눗셈을 잘 이해하고 있네. 나눗셈의 검산 식을 이용해서 손님의 수도 척척 구해 냈으니 말이야.

자, 오늘의 정리를 해 볼까?

똑같이 묶어서 덜어 내거나 똑같이 나눌 때 필요한 연산은 나눗셈이야.

접시 위에 있는 딸기 8개를 2개씩 네 번 먹으면 0이야.

$8 - 2 - 2 - 2 - 2 = 0$

딸기 8개를 2명이 똑같이 나누어 가지면 한 사람이 4개씩 갖게 되지?

딸기 8개를 한 번에 2개씩 먹으면 네 번 먹을 수 있고. 나눗셈 식은 $8 \div 2 = 4$이고 몫은 4야. 그러나 질문에 따라 4개로 개수를 말하기도 하고, 횟수로 네 번을 뜻하기도 해.

나눗셈은 항상 곱셈으로 생각할 수 있어.

$2 \times 4 = 8$, $4 \times 2 = 8$처럼 말이야. 이런 경우들은 모두 나머지가 없지만 딸기가 9개라면 나머지가 있겠지.

$9 \div 2 = 4 \ldots 1$이고 검산 식은 $2 \times 4 + 1 = 9$야.

두 자리 수거나 세 자리 수를 나누고 곱할 때 머리로만 계산하려면 힘들지? 그래서 사용하는 것이 세로 셈이야. 제일 중요한 것은 자릿수를 잘 맞춰야 한다는 점이야. 곱셈은 일의 자리부터 계산을 하고, 나눗셈은 큰 자리부터 계산해야 한다는 것, 꼭 기억해!

꿈꾸는 세상

내가 상상한 0 × □ = 12의 세상

0 × □ = 12에서 □를 구할 수 있을까?

만일 □를 구할 수 있는 세상이 있다면, 그 세상에서는 어떤 일들이 일어날까?

자, 상상해 봐!

3

1보다 작은 수!

: 분수와 소수

킥킥이의 자리는 교실에서 맨 앞자리입니다.

눈이 나쁘기도 하지만, 가장 큰 이유는

키가 반에서 제일 작기 때문입니다.

그러나 킥킥이는 불편해하기보다는 작은 키를 즐깁니다.

수업 시간에 맨 앞자리에 앉기, 높이 있는 물건 내리기나

무거운 물건 나르는 심부름 나 몰라라 하기 등.

그날도 시청각실 맨 앞자리에 앉아 영화를 보는데,

무슨 일인지 킥킥이가 식은땀을 삘삘 흘리고 있습니다.

3학년 1학기 ■ 분수와 소수

3학년 2학기 ■ 분수

4학년 1학기 ■ 분수의 덧셈과 뺄셈

4학년 2학기 ■ 소수의 덧셈과 뺄셈

0.01
0.1
0.15
1.62

난 키가 너무 작아!

영화가 끝나자 선생님이 빵과 음료를 가득 들고 나오시더니 앞에서부터 하나씩 나눠 주었습니다. 학생들은 좋아서 환호성을 질렀습니다. 입에 빵을 한가득 문 학생이 손을 번쩍 들었습니다.

"선생님, 공룡들이 불쌍해요."

"왜?"

"죽잖아요."

"그래, 마음이 아프구나. 환경 변화와 먹이 문제 때문에 대멸종을 맞았으니 말이야. 그런데 빵은 맛있니?"

"네!!"

학생들은 모두 큰 소리로 대답하며 즐거워했습니다. 그런데 킥킥이는 굳은 표정으로 온몸에 힘을 주고 있었습니다. 단짝인 소곤이가 킥킥이를 걱정스럽게 보았습니다.

"킥킥아! 무슨 일이 있어? 오줌이라도 싼 거야?"

"무서워……."

"뭐가?"

"풀만 먹지만 브라키오사우루스는 몸길이가 20미터 이상이래잖아. 그 거대한 몸집 때문에 다른 공룡들에게 쉽게 공격받지 않고, 설사 공격을 당해도 길고 육중한 꼬리를 채찍처럼 자유자재로 휘둘러 물리치면 돼. 그리고 안킬로사우루스처럼 갑옷을 입은 공룡들도 풀만 먹지만 1미터 너비의 커다란 곤봉처럼 생긴 꼬리가 있어서 고기를 먹는 육식 공룡의 공격도 막고……."

"그게 뭐가 무서워?"

"아직 모르겠어? 내 말뜻을?"

"모르겠는데?"

"덩치도 작고 곤봉 꼬리 같은 방어 수단도 없는 공룡들은 위험한 상황이 닥치면 재빠른 발을 이용해서 도망치잖아. 민첩한 소형 공룡들 말이야. 그리고 힙실로포돈은 도망치면서 잽싸게 방향을 바꾸기까지 한다고."

"그게 뭐?"

소곤이는 킥킥이를 뚫어져라 봅니다.

"그런데 날 봐. 난 너무나 작은데 곤봉 같은 꼬리도 없고 달리기도 못 하잖아."

"네가 공룡이냐? 웬 걱정? 그보다 중생대를 지배하던 공룡이 6500만 년 전 지구에서 영원히 사라져 버린 비극을 슬퍼해야지."

킥킥이는 한숨을 쉽니다.

“그렇지? 그런 꼬리도 큰 덩치도 필요 없겠지? 지금 세상에서는?”

“걱정 마쇼.”

“그런데 소곤아, 한살이가 뭐지?”

“으이그! 난 네가 한살이를 모르는 게 제일 슬프다. 배웠잖아. 동물의 경우 알에서 깨어나거나 새끼로 태어나고, 자라서 어른이 되면 다시 자신을 닮은 자손을 만들고 수명을 다하는 과정이라고!”

이제 영화 감상을 마무리할 시간인가 봅니다.

“자, 여러분! 영화를 보면서 가장 인상 깊었던 장면이나 느낀 점을 발표해 보세요.”

한 학생이 손을 번쩍 들었습니다.

“저는 알에서 태어난 공룡이 엄마와 쏙 빼닮은 것이 너무 신기했어요. 정말 엄마의 $\frac{1}{20}$ 정도 되는 얼굴이 엄마와 똑같이 닮았잖아요. 너무 신기해요.”

“그래요. 새끼가 점차 성장하여 어미와 같은 모습으로 변하게 되는

것도 동물 한살이의 특징 중 하나라고 볼 수 있어요. 자, 이제 일어나서 조용히 교실로 갑시다."

킥킥이는 학교에서 내내 기분이 좋지 않았습니다.

학교에서 돌아온 킥킥이는 가방을 멘 채 힘없이 식탁에 앉았습니다.

엄마가 걱정스런 표정으로 물었습니다.

"무슨 일이 있니?"

"아니요. 학교에서 공룡에 대한 영화를 봤는데…… 공룡들이 멸종했더라구요."

"마음이 아팠겠구나."

"네. 그것도 그렇고…… 엄마?"

"응?"

"제가 많이 작아요?"

"킥킥아, 엄마가 항상 말하잖아. 넌 다 큰 게 아니라고. 지금 네 키가 116센티미터잖아? 아빠도 초등학교 4학년 때까지 116.4센티미터였대. 아빠는 항상 소수점까지 붙여서 말하잖니. 너도 들었지? 하지만 지금 아빠는 작은 키가 아니잖아?"

"네. 그런데 116과 116.4가 많이 달라요?"

"0.4센티미터 차이가 나지."

"그게 뭐예요?"

"우리 킥킥이가 소수를 아직 안 배웠구나? 음, 0.4는 1보다 작은 수야. 1을 똑같이 10으로 나눈 부분들 중 하나가 $\frac{1}{10}$이잖아. 분수 $\frac{1}{10}$을 소수로 나타내면 0.1이거든. 분모가 10, 100, 1000과 같은 분수의 경우는 소수로 나타낼 수 있어. 킥킥이도 학교에서 분수와 소수를 금방 배울 거야. 하여튼 키 걱정은 하지 마."

"1보다 작은 수요? 정말 작다. 그런데 정말 저는 더 크겠죠?"

엄마는 웃으면서 고개를 끄덕입니다.

"그런데 엄마, 제가 다 크고 나면 아빠랑 똑같아져요?"

"똑같지는 않지만 닮기는 하겠지. 왜?"

"아까 공룡은 어미랑 자식이 똑같아서요."

"호호, 걱정되니?"

"에이, 아니에요."

킥킥이는 웃으면서 자리에서 일어났습니다. 그리고 마음속으로 시꾸기를 떠올렸습니다.

분수와 소수

그날 밤, 킥킥이는 졸린 눈을 비비며 12시가 되기를 기다렸습니다. 그리고 열두 번째 '삐꾹' 소리가 울렸을 때 큰 소리로 외쳤습니다.

"1보다 작은 수도 있어? 수학을 가르쳐 줘~!"

"안녕, 킥킥!"

킥킥이는 어찌나 반가운지 하마터면 시꾸기를 안으려다 시계를 떨어뜨릴 뻔했습니다.

"시꾸기, 얼마나 기다렸는지 몰라."

시꾸기는 어깨를 들썩이며 웃음을 지었습니다.

"그래? 오늘은 뭐가 알고 싶은 걸까~마귀?"

"내 키가 작아 보여?"

"또 키 타령이야~옹야옹? 킥킥이는 나보다 훨씬 크다아르. 킥킥이가 보기에 난 어때? 내가 작아 보여?"

“난 시계 속으로 들어갈 필요가 없잖아. 그러니까 너처럼 그렇게 작을 이유는 없지.”

“허허, 그런가? 그런데 작은 게 나빠? 수 가운데 아주 작은 수들은 우리에게 꼭 필요하고, 없어서는 안 되는 수인데.”

“그런 수가 있어?”

“분수나 소수가 아주아주아주 중요한 수지~렁이.”

“정말? 큭큭, 그런데 시꾸기 한국어가 제법 유창해졌다.”

“메르씨 비엥(대단히 감사합니다).”

“그런데 조금 전에 말한 분수가 물이 뿜어져 나오는 분수랑, 네 주제를 알아서 분수껏 행동하라는 말에서의 분수와는 다른 거지? 설마 자기 주제를 아는 수가 있는 건 아니겠지?”

“그런 걸 나한테 물어보다니 영광! 당근 다름! 아주 많이 다아름! 킥킥이가 나중에 말한 분수(分數)는 자기 신분에 맞는 정도를 말하는 것이고, 물을 신나게 뿜어 대는 분수(噴水)는 좁은 구멍으로 압력을 이용해 물을 위로 세차게 내뿜거나 뿌리도록 만든 설비야.”

시꾸기는 마술봉을 꺼내서 이리저리 휘두르더니 수학에서 말하는 분수에 대해 설명하기 시작했습니다.

자, 시끄기 수학의 문을 열어 볼까?

내가 말하는 분수는 분모와 분자로 이루어진 형태를 가진 수(數)야. 하나, 둘, 셋, 넷,…과 같이 개수를 나타낸 수와 공통점도 있지만, 분수는 좀 다르지~렁이! 분수는 여러 가지 의미가 있어. 개수나 크기를 말하는 것 외에도 '나눗셈'이라는 연산과 아주 친하거든. 그 전에도 내가 말했잖아. 동그란 빵 1개를 4명이 똑같이 나눠 먹을 때 한 사람이 먹는 양을 뭐라고 할래? 다시 1개라고 할 수는 없잖아! 여기서 한 사람이 먹는 양을 구하려면 1 나누기 4를 해. 그 나눗셈을 가로선을 이용해 분수로 나타내는 거야. 전체 1개를 똑같이 4로 나누었을 때, 부분 1을 분수 $\frac{1}{4}$이라고 쓰고 4분의 1이라고 읽어. 또 그중에서 부분 3은 분수 $\frac{3}{4}$이라고 쓰고 4분의 3이라고 읽어. $\frac{1}{4}$과 $\frac{3}{4}$은 1보다 작은 수이기도 해.

분수는 $\frac{1}{4}$, $\frac{2}{7}$, $\frac{3}{5}$, $\frac{4}{11}$처럼 가로선을 이용해 나타내는데 가로선의 아래쪽에 있는 수를 분모, 위쪽에 있는 수를 분자라고 해. 그렇다면 사람들이 처음에 분수를 어떻게 생각하게 되었을까?

가로선 ← $\frac{3}{4}$ → 분자 (3), → 분모 (4)

인간은 원래 혼자서 살 수 없잖아. 서로 도와가면서 살아야지. 처음 사람들이 분수를 생각하게 된 이유는 모두가 함께 일을 해서 수확한 곡식과 식량을 **똑같이 나눠 가질 때** 각자 자신의 몫을 어떻게 수로 나타내는지 궁금했기 때문이야.

이집트에서는 **분자가 1인 분수**만 사용했고 이런 분수를 **단위분수**라고 했어.

$\frac{1}{3}$은 전체를 똑같이 3으로 나눈 것 중의 1이야.
$\frac{2}{3}$는 부분이 2니까 $\frac{1}{3}$이 2개인 것이고,
$\frac{3}{4}$은 $\frac{1}{4}$이 3개이고,
$\frac{5}{6}$는 $\frac{1}{6}$이 5개지.

이렇게 분수는 같은 분모의 단위분수가 몇 개인지로 나타낼 수 있다는 것을 기억해. 또 한 가지! 분수의 크기 비교는 자연수와는 달라. **분자가 1인 단위분수는 분모가 클수록 그 크기가 작아지거든.**

사과 한 개를 똑같이 10으로 나누었을 때의 부분 1과, 똑같이 20으로 나누었을 때의 부분 1 중에서 어느 부분이 클까? 똑같이 나눈 수가 클수록 부분 1의 크기는 작아지겠지?

그러니까 단위분수는 분모의 크기가 작을수록 큰 수라는 말씀!

아차! 분수의 종류에 대해 설명을 안 했구나. 어렵게 생각할 필요 없어. $\frac{1}{3}$, $\frac{3}{4}$, $\frac{6}{9}$과 같이 분자가 분모보다 작으면 진짜 분수라고 해서 진분수(眞分數)이고, $\frac{3}{3}$, $\frac{3}{2}$, $\frac{6}{5}$과 같이 분자가 분모와 같거나 분모보다

항상 큰 경우는 가짜 분수라고 해서 가분수(假分數)라고 해. 우스갯소리처럼 들릴지 모르지만 머리가 몸보다 큰 인형이나 사람을 가분수라고 하잖아. 이렇게 기억하면 쉽겠지?

또 대분수(帶分數)라는 것도 있어. $1\frac{2}{3}$, $3\frac{1}{4}$, $5\frac{4}{7}$와 같이 대분수는 항상 자연수와 진분수의 합으로 나타내. 하지만 가분수와 친해서 때에 따라서는 비교하거나 계산하기 편하도록 가분수가 대분수로 살짝 변신하거나 대분수가 가분수로 변신할 때도 있소~소? 소는 음매애애~하고 울지?

$\frac{5}{4}$는 $\frac{1}{4}$이 5개가 있는 거야.

$\frac{4}{4}$와 같이 분모와 분자가 같은 수는 전체를 분모로 나누고 부분이 전체와 같으니까 1과 같아.

그러니까 $\frac{5}{4} = \frac{4+1}{4} = \frac{4}{4} + \frac{1}{4} = 1 + \frac{1}{4} = 1\frac{1}{4}$

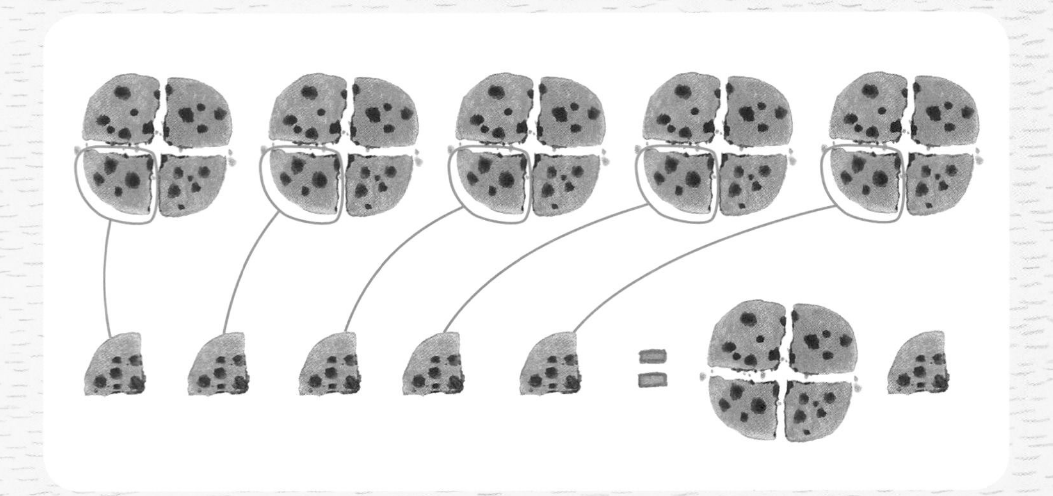

과자 5개를 각각 똑같이 4로 나누었으니 가족 4명이 각각 과자 한 개에서 한 조각씩 가져가면 $\frac{1}{4}$조각을 5개씩 갖게 돼. 그러면 $\frac{1}{4}+\frac{1}{4}+\frac{1}{4}+\frac{1}{4}+\frac{1}{4}=\frac{5}{4}$가 되겠지? 여기서 분모가 같은 분수들은 분자끼리 더하면 된다는 점을 알겠지?

그리고 과자 $\frac{5}{4}$가 얼마큼인지도 알겠지?

과 이지. 그럼 과자 1개와 과자 $\frac{1}{4}$개니까 모두 $\frac{5}{4}$개가 되는 것이고, $1\frac{1}{4}$이지. 이해가 돼?

분수는 번거롭게 나눗셈을 하지 않고도 수로 나타낼 수 있어서 편리해~바라기. 모든 자연수는 분수로 나타낼 수도 있어. 1을 분수로 나타낼 수 있듯이 말이야.

분수의 또 다른 성질이 하나 있어! 이를테면 과자 15개의 $\frac{2}{5}$라고 하면 몇 개의 과자를 말하는 걸까?

$\frac{2}{5}$라는 것은 전체를 똑같이 5로 나눈 것 중에서 부분 2개를 말해.

그런데 전체가 15잖아? 그러니까 15를 5로 나누면, $15 \div 5 = 3$, 3이 되고, 부분 1의 크기는 3이 되는 거야. 나눈 것 중에서 부분 2를 말하니까 $3 \times 2 = 6$, 그래서 과자 15개의 $\frac{2}{5}$는 6개가 된다는 말씀.

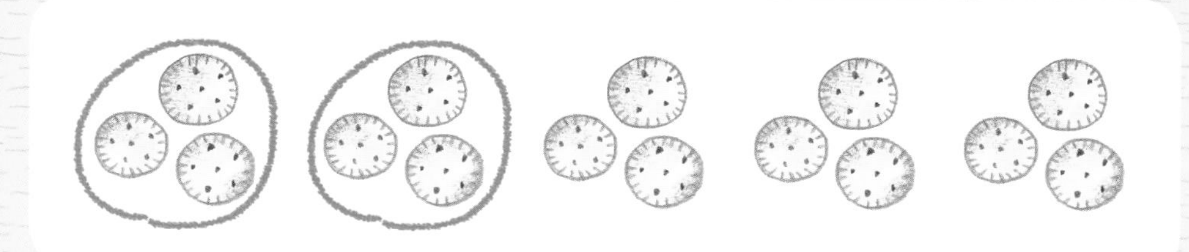

이처럼 분수는 전체에 대한 부분을 나타낼 수 있어. '15의 $\frac{2}{5}$'처럼 말이야~호~.

사실 분수가 편리하기만 한 것은 아니야. $\frac{1}{4}$cm라고 하면 그 길이가 얼마큼인지 금방 알 수 있을까?

바로 이 점이야! 분수의 크기는 쉽게 알 수 없어. 그래서 분모가 다른 분수들끼리는 그 크기를 비교하기도 어렵지. 이런 실용적인 문제를 해결하기 위해서 한눈에 크기를 알 수 있으면서 1보다 작은 수를 나타낼 수 있는 소수가 만들어졌어.

소수, 들어 봤어? 소수는 참 신기해!

분수가 가로선을 중심으로 분자와 분모로 구분이 되듯이, 소수는 점으로 0이나 자연수 부분과 소수 부분을 구분하는 수야. 0과 1 사이의 수나 1과 2 사이의 수 등 우리가 알고 있는 수와 수 사이에 있는 수들을 나타낼 수 있지.

소수를 설명해 볼까? 개미의 크기로 하면 되겠다! 개미의 크기는 보통 0.5cm~0.8cm야. 작지만 무시하기에는 개미의 역사가 매우 길어. 개미는 그렇게 작은 몸으로 신생대부터 존재했던 생물이거든! 보통 개미 크기를 0.8cm라고 하면 그 크기가 대충 짐작이 되잖아. 어른 엄지 손톱이 1cm 정도니까. 그러나 $\frac{3}{5}$cm라면 어때? 그 크기가 머릿속에 빨리 떠올라?

$\frac{3}{5}$cm니까 1cm를 5등분한 것 중 3개라고 하면 좀 짐작이 돼? 그리고 모든 분수는 나눗셈을 나타내니까 나눗셈을 해 보면 되지~렁이, 헤헤. 나눗셈을 하면 분수를 소수로 바꿀 수 있거든. 물론 소수점 이하의 숫자가 반복되면서 길게 나갈 수도 있지만 말이야.

사회와 문화가 발전하면서 인간들에게 필요한 것도 많이 변해 왔어. 수학도 마찬가지야. 처음에는 식량을 똑같이 나누기 위해서 분수가 필요했어. 그리고 문명이 더욱 발전하면서 훨씬 복잡한 양들을 보다 정확하게 비교할 수 있는 수가 필요했지.

소수는 네덜란드 수학자이면서 장교였던 스테빈(Simon Stevin, 1548~1620)이 군자금을 빌린 다음 이자율을 계산하고 이자를 비교하는 데 어려움을 덜기 위해 만들었어. 그때는 분자가 1인 분수인 단위분수만 사용했기 때문에 $\frac{1}{10}$은 간단하지만 $\frac{1}{11}$, $\frac{1}{12}$일 경우에는 계산이 매우 복잡하고 수의 크기를 비교할 때도 무척 어려웠어. 그래서 스테빈 장교가 좀 더 쉽게 계산할 수 있는 방법을 찾았어!

$\frac{1}{11}$은 $\frac{91}{1000}$과 값이 거의 같다고 보고, $\frac{9}{100}$로 바꾸어 쓰고, $\frac{1}{12}$은 $\frac{8}{100}$과 값이 거의 같다고 보고 $\frac{8}{100}$로 썼어. 그리고 수의 크기를 편리하게 비교하기 위해서 소수를 생각했지. 그러나 처음 소수의 형태는 오늘날과는 조금 달랐어. $\frac{3234}{1000}$는 3.234로 쓰잖아? 그때는 $\frac{1}{10}$을 1①로, $\frac{1}{100}$을 1②로, $\frac{1}{1000}$을 1③으로, $\frac{1}{10000}$을 1④로 나타냈어. 겉모습은 지금과 많이 달라 보이지만 의미는 똑같아. 똑같은 건 뭘까? 똑같은 건

젓가락 두 짝? 헤헤~.

스테빈이 소수를 처음 생각했을 때가 1585년이니까 33년이 지난 후에야 우리가 사용하는 소수점을 사용하게 되었느니라. 헤헤~

계산을 간편하게 하기 위해 '로그'를 발명해 수학 사상 커다란 업적을 남긴 영국의 수학자 네이피어(John Napier, 1550~1617)가 1617년에 소개한 방법이 지금 우리가 쓰는 소수점이야. 로그를 모른다고? 간단하게 말하면 0보다 크고 1이 아닌 수를 거듭하여 곱할 때 곱한 횟수와 곱한 수에 대한 관계를 말해. 자, $3 \times 3 \times 3 \times 3 = 3^4 = 81$일 때, 3을 네 번 곱한 값이 81이야. 이때 곱해서 나온 수인 81을 □, 곱한 횟수 4를 ☆이라고 하면 □ = 3^☆과 같이 나타낼 수 있어. 이때 ☆은 3을 밑으로 하는 □의 로그라고 하고 $\log_3$□라고 써. 후후, 너무 어렵다고? 완전히 이해할 수는 없겠지만 한 번 들어 두면 나중에 배울 때 조금은 쉽게 이해할 수 있을 거야.

자, 그럼 다시 소수로 돌아가서 소수의 나이는 분수보다 3천 살 정도 어려. 하지만 소수는 분수로 금방 변신할 수 있어. 분모가 10, 100, 1000,…인 분수는 모두 소수로 나타낼 수 있다는 말씀.

규칙을 살펴볼까. 분모가 10이면 소수 한 자리 수로, 분모가 100이면 소수 두 자리 수로, 분모가 1000이면 소수 세 자리 수로 나타낼 수 있다니까악~까악. 이것은 까마귀.

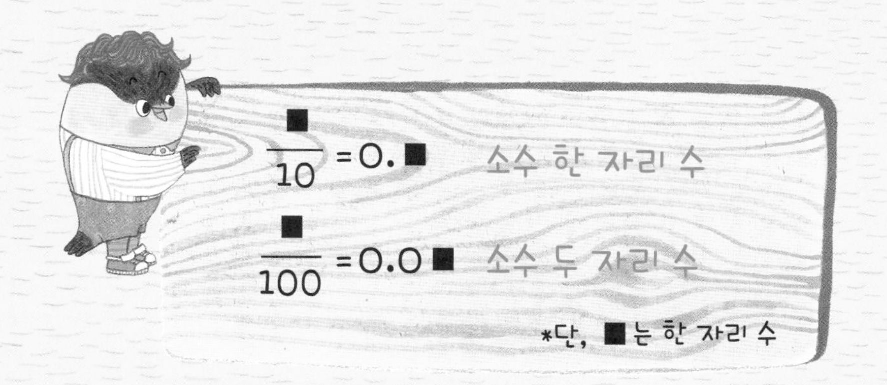

킥킥이와 같은 나이일 때 아빠의 키와 킥킥이의 키가 0.4cm 차이가 난다고 했나?

이제 그 길이가 얼마큼의 차이인지를 알겠어?

1cm를 10등분하면 그중 1개가 분수로는 $\frac{1}{10}$이고 소수로 나타내면 0.1이거든. 그러면 0.4는 등분한 것들 중에서 4개를 말하는 거지.

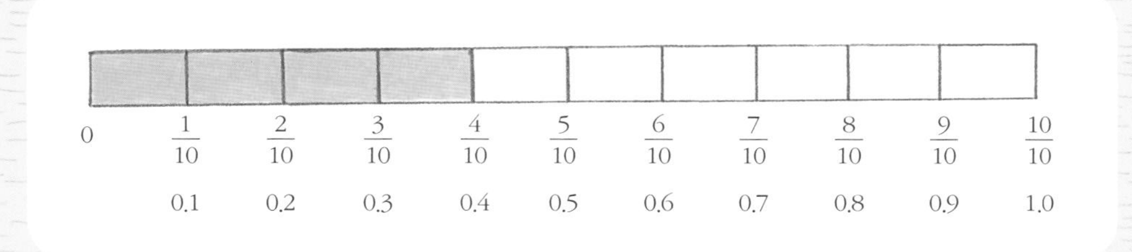

읽는 것은 우리가 수를 읽을 때처럼 소수점 앞부분을 읽으면 되고, 소수점 뒤는 그냥 숫자로 읽으면 되지? '영 점 사삼이'로 말이야. 그리고 소수에도 자릿값이 있다는 사실! 소수는 소수점을 기준으로 오른쪽으로 갈수록 자릿값이 작아져.

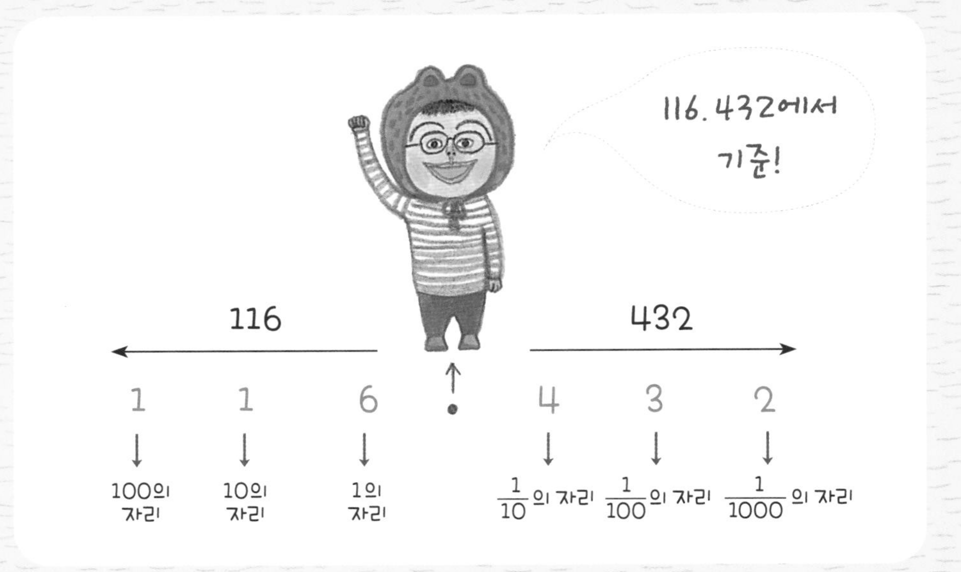

알겠니? 소수가 분수보다 크기를 비교하기도 더 쉬워.

자연수의 크기를 비교할 때는 일의 자리보다는 십의 자리, 십의 자리보다는 백의 자리, 백의 자리보다는 천의 자리~ 헥헥! 이렇게 높은 자리부터 비교했었지~렁이. 소수도 마찬가지야. 높은 자리부터 비교하면 돼. 그러나 소수점을 기준으로 왼쪽에 있는 0이나 자연수를 먼저 비교한다우~. 그 부분이 같으면, 소수점을 기준으로 오른쪽으로 내려가면서 차례로 비교하면 돼.

12.345와 12.346 중에서 어느 수가 더 클까?

높은 자리인 왼쪽 수부터 차례로 비교하니까 12.346이 12.345보다 더 큰 수야.

$$12.345 < 12.346$$

그럼 얼마나 더 클까? 그 차이를 알고 싶으면 뺄셈을 하면 돼. 자연수의 뺄셈과 방법이 같아. 수들은 위치에 따라 그 숫자가 나타내는 자리의 수가 다르다는 것, 그리고 빼는 수가 더 클 때는 받아내림을 해야 한다는 것만 기억하면 돼.

$$\begin{array}{r} 12.346 \\ -\quad 12.345 \\ \hline 0.001 \end{array}$$

빨간 리본 12.345cm와 파란 리본 12.346cm를 연결하면 전체 길이가 얼마일까?

$$\begin{array}{r} \overset{10}{} \\ 12.345 \\ +\quad 12.346 \\ \hline 24.691 \end{array}$$

두 리본을 매듭 없이 테이프로 붙여서 연결하니까 그 길이는 24.691cm가 된다고~양이. 소수의 덧셈이나 뺄셈도 자연수의 덧셈이나 뺄셈과 같아. 단, 주의해야 할 점! 소수점을 반드시 표시해야 한다는 말씀!

듣고 말해 볼래?

피자를 얼마나 먹을지 말해 봐!

분수는 소수보다 크기를 비교하는 것이 불편해.
분모를 모두 같게 만들어야 비교할 수 있으니까.
하지만 항상 그렇지는 않아. 분모가 달라도 비교할 수 있는 경우가 있어.
분자가 1인 경우 말이야. 분자가 1인 분수를 단위분수라고 하는 거 알지?
자, 이렇게 생각해 보자! 커다란 피자를 여러 사람이 똑같이 나눠 먹을 때,
사람 수에 따라 각자 먹는 양이 얼마나 될까?

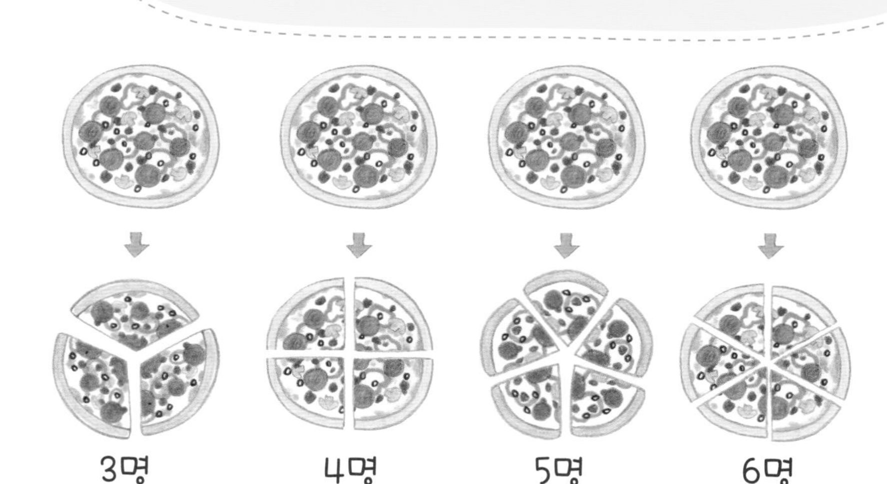

3명이 똑같이 나눠 먹으면 한 사람이 먹는 양은
피자 한 판의 $\frac{1}{3}$이야. 그럼 4, 5, 6명이 똑같이 나눠 먹을 때
한 사람이 먹는 양이 얼마일지 분수로 말해 봐.

4명이 똑같이 나눠 먹으면 한 사람이 먹는 양은 피자 한 판의 $\frac{1}{4}$,
5명이 똑같이 나눠 먹으면 한 사람이 먹는 양은 피자
한 판의 $\frac{1}{5}$, 6명이 똑같이 나눠 먹으면 한 사람이 먹는 양은
피자 한 판의 $\frac{1}{6}$이야.

사람이 많아질수록 한 사람에게 돌아가는 피자의 양이 적어지지?
그렇다면 단위분수의 크기는 어떻게 비교해야 할까?

단위분수는 분모가 커지면
커질수록 크기가 작아져.

  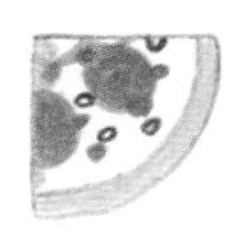 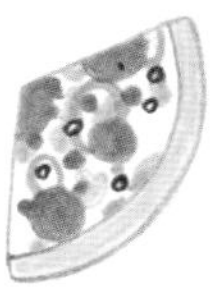

$$\frac{1}{6} < \frac{1}{5} < \frac{1}{4} < \frac{1}{3}$$

맞아, 킥킥! 이번에는 분자의 크기를 바꾸고
분모의 크기를 고정해 볼까나~.
5명이 피자 1판을 똑같이 나눠 먹으면, $\frac{1}{5}$($1 \div 5$)씩이고,
5명이 피자 2판을 똑같이 나눠 먹으면 $\frac{2}{5}$($2 \div 5$)씩이잖아.
그러면 3, 4, 5판일 때는 얼마씩 먹을 수 있을까?

$1 \div 5$  =  $\frac{1}{5}$

$2 \div 5$  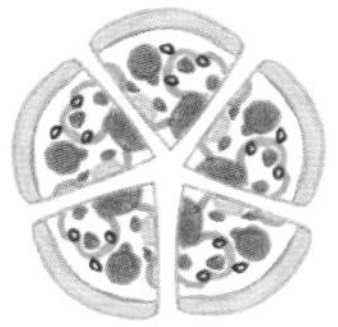 = 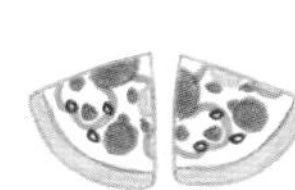 $\frac{2}{5}$

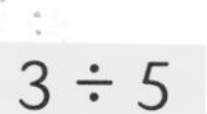
$3 \div 5$  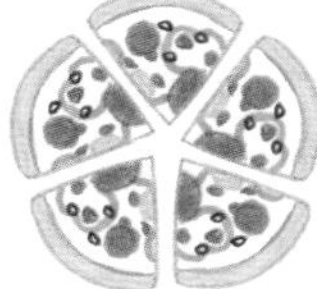 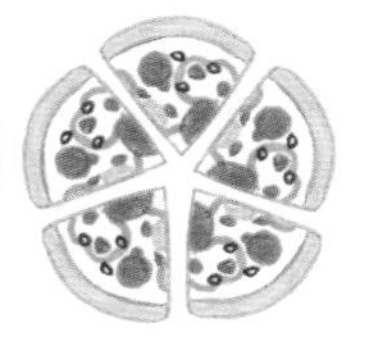 =  

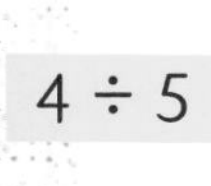

 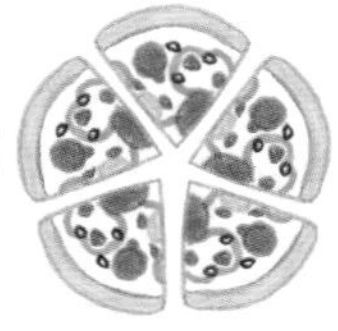 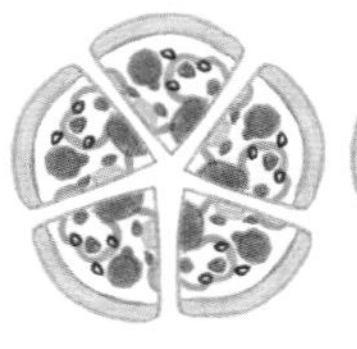 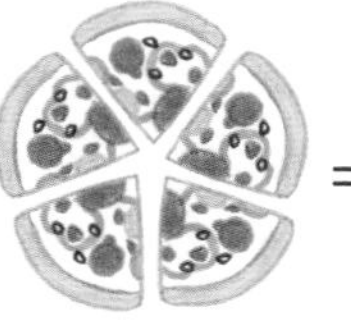 = 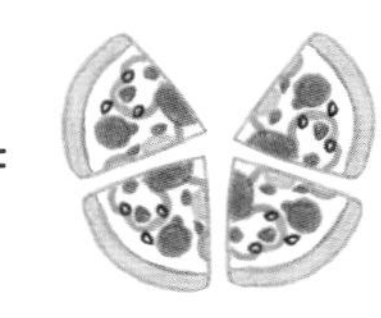

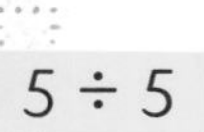

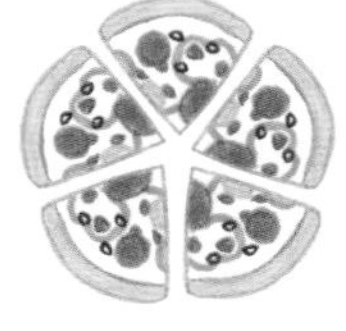 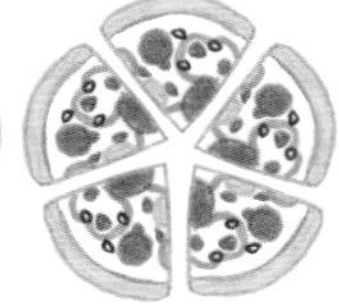   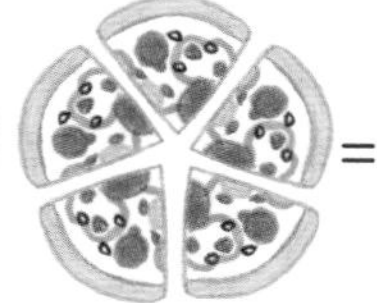 = 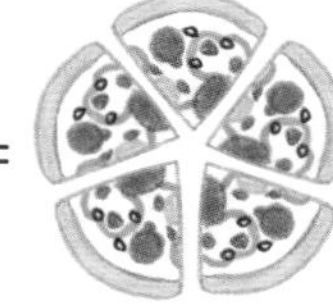

3판을 5명이 나눠 먹으면 3 ÷ 5, 4판을 5명이 나눠 먹으면 4 ÷ 5,

5판을 5명이 나눠 먹으면 5 ÷ 5가 되니까

각 나눗셈을 분수로 나타내면 $\frac{3}{5}$, $\frac{4}{5}$, $\frac{5}{5}$가 돼.

나눠 먹는 사람의 수는 같은데 피자의 수가 늘어나니까

피자의 수가 많을수록 한 사람이 먹는 양도 늘어나는구나.

그래. 그렇게 분모가 같은 경우는
똑같이 '나눠 먹어야 하는 사람의 수'가 같아.
그리고 분자인 '피자의 수'가 늘어나니까
피자의 수가 많을수록 한 사람이 먹는 양도
늘어나는 거지.

그럼 분모가 같을 때는
분자가 클수록 큰 수구나!

그렇지. 이번에는 우리 분수 놀이 해 볼까?
내 시계에 있는 숫자들을 떼어서 하자!
자, 여기 1, 2, 3, 4가 있어. 그리고 분수를 만들려면 가로선을 대신할
막대기가 하나 필요하니까, 내 시계의 추를 잠시 꺼내 써도 돼.
어차피 지금은 세상이 멈춰 있으니까.
그럼, 이 숫자들을 가지고 진분수를 만들어 볼래?

진분수는 분자가 분모보다 작아야 하니까,

분모가 2인 분수는 $\frac{1}{2}$, 3인 분수는 $\frac{1}{3}$, $\frac{2}{3}$

4인 분수는 $\frac{1}{4}$, $\frac{2}{4}$, $\frac{3}{4}$이야~호.

오호! 잘했소이다, 킥킥.
킥킥이 점점 날 닮아 가는군~고구마. 헤헤.
이번에는 가분수를 만들어 볼래?
그런데 숫자가 1개씩이니까 분모와 분자가 같은 분수는
만들 수 없다는 것 알지? 자, 가분수를 만들어 봐.

분모가…… 4가 될 수는 없겠다. 4가 제일 큰 수니까.
그러면 분모는 1, 2, 3만 되겠네.
분모가 1, 2, 3인 경우로 나눠서 가분수를 만들어 볼게.

분모가 1이면 $\frac{2}{1}$, $\frac{3}{1}$, $\frac{4}{1}$,

2면 $\frac{3}{2}$, $\frac{4}{2}$, 3이면 $\frac{4}{3}$지.

이번에는 대분수를 만들어 볼래?

대분수는 진분수와 자연수의 합이잖아.
휴, 좀 복잡하네.
우선 분모가 2인 대분수는 $2\frac{1}{2}$, $3\frac{1}{2}$, $4\frac{1}{2}$이야.
아 참! 여기서 $2\frac{1}{2}$는 만들 수 없어. 깜빡했네.
숫자 2가 1개뿐라는 걸! 헤헤.

그러면 분모가 3인 대분수와 4인 대분수는 뭐야?

3인 대분수는 $1\frac{2}{3}$, $2\frac{1}{3}$, $4\frac{1}{3}$, $4\frac{2}{3}$고,

4인 대분수는 $1\frac{2}{4}$, $1\frac{3}{4}$, $2\frac{1}{4}$, $2\frac{3}{4}$, $3\frac{1}{4}$, $3\frac{2}{4}$가 됩니다요.

킥킥! 정말 잘했어. 자, 이번에는 소수야.
여기 4.36센티미터짜리 노랑 사탕이랑 3.84센티미터짜리 초록 사탕이 있어.
내가 이 사탕을 붙여서 줄게. 이렇게 붙이면 사탕 길이가 얼마나 될까?

더하면 되잖아.
휴, 그런데 소수의 덧셈을 해야 하네.

맞아. 중요한 것은
소수의 덧셈도 자연수의 덧셈과 같다는 점이야.
각각 자릿수를 맞춰서 더하면 돼. 단, 주의해야 할 것은
'받아올림'을 잊지 말아야 해!
그럼 사탕 길이의 합을 구하는 과정을 설명해 봐.

$$\begin{array}{r} \scriptsize{1\ \ 1} \\ 4.36 \\ +\quad 3.84 \\ \hline 8.20 \end{array}$$

소수 둘째 자리 숫자부터 할게.
6 더하기 4는 10이니까 소수 첫째 자리로 1을 올려 주면,
소수 첫째 자릿수의 합은 3과 8과 1의 합이 되니까 12야.
여기서 2는 소수 첫째 자리에 남고,
10은 일의 자리에 1로 올려 주면 돼.
일 자릿수의 합은 4와 3과 1의 합이고, 8이야.
그러면 사탕 길이는 8.2센티미터가 돼.

아주 잘했어!
이제 소수든 자연수든 늘어나는 길이에 대해선 자신 있지?
킥킥, 그렇게 계속 사탕을 깨물어 먹으면 이가 몽땅 썩을걸.
자, 내 얘길 들어 봐. 노랑 사탕은 4.36센티미터이고
초록 사탕은 3.84센티미터였잖아.
그럼 노랑 사탕이 얼마나 더 긴 줄 알아?

(노랑 사탕의 길이)에서 (초록 사탕의 길이)를 빼면 돼.

그러면 뺄셈 과정을 설명할 수 있겠어?

음…… 4.36은 소수 첫째 자릿수가 3이고 3.84는 8인데 어떻게 빼지?

소수의 뺄셈도 자연수의 뺄셈과 같아.
자릿수를 맞춰서 계산을 하고 뺄 수 없을 때는 윗자리에서
받아내림을 하면 돼. 이제 해 봐.

$$\begin{array}{r} \overset{3}{\cancel{4}}.\overset{10}{3}6 \\ -\ 3.84 \\ \hline 0.52 \end{array}$$

소수 둘째 자릿수인 6에서 4를 빼면 2가 남아.
일의 자리에서 받아내림을 해서 소수 첫째 자릿수 3은
13이 되었어. 13에서 8을 빼면 5가 남아.

일의 자리는 받아내림을 했으니까 일의 자릿수 4는
3이 되고, 거기서 3을 빼면 0이 돼. 답은 0.52야.

노랑 사탕이 초록 사탕보다 0.52센티미터 더 길어.

읽고 써 볼래?

앨리스가 먹은 주스 양을 써 봐!

옛날 사람들이 나눗셈보다도 분수를 더 자주 썼다는데 정말 신기하지 않아? 우리는 분수를 어려워하는데 말이야. 나눠서 떨어지지 않는 나눗셈의 몫을 분수로 나타낼 수 있으니까 편리한 수이기는 하지. 하긴 나도 어려운 나눗셈은 분수로 나타내고 있다우~. 2 나누기 3을 힘들게 나누지 않고도 3분의 2라고 나타낼 수 있잖아. 이렇게 $2 \div 3 = \frac{2}{3}$, 뻐꾹!

자! 이제 앨리스 이야기를 시작해 볼까?

앨리스는 키가 너무 커 버렸어. 아홉 걸음을 움직였는데 $\frac{53}{12}$km를 갔지. 그런데 가분수라 그런지 얼마큼의 거리인지 도저히 모르겠어. 그 길이를 추측하려면 어떻게 해야 할까?

앨리스는 거리를 추측할 수 있었어.

어떻게 했는지 알아?

가분수를 대분수로 생각해 본 거야.

그러면 자연수 부분이 있으니까 거리를 추측할 수 있잖아.

가분수인 $\frac{53}{12}$km를 대분수로 나타내 볼래?

$\frac{53}{12}$ km

가분수를 대분수로 고쳐서 자연수 부분으로 거리를 가늠해 보는 문제입니다.

$\frac{53}{12}$을 대분수로 고치려면 53 을 12 로 나눠야 합니다.

$$53 \div 12 = 4 \cdots 5$$

그러므로 $\frac{53}{12}$km를 대분수로 고치면 $4\frac{5}{12}$km가 됩니다.

킥킥이의 수학 실력, 멋진걸. 앨리스는 키가 너무 커서 아홉 걸음에 4.5km 정도를 거뜬히 갔던 거야. 그래서 한 걸음에 대략 0.5km를 갈 수 있었어! 자, 계속 앨리스 이야기를 할게.

앨리스는 덩치가 너무 커서 그런지 금방 배가 고파졌어.

주변을 살펴보니 식탁에 코코아와 주스가 같은 크기의 그릇에 가득 있었어. 앨리스는 배가 고파서 둘 다 조금씩 마신다는 것이 벌컥벌컥 마셔 버렸어. 그러고 나니 코코아와 주스가 요렇게만 남았지 뭐야.

앨리스는 각각 얼마큼이나 먹은 걸까?

분수와 소수로 써 봐. 그리고 소수의 크기를 비교해서 코코아와 주스 중에서 어떤 것을 더 많이 먹었는지도 구해 볼래?

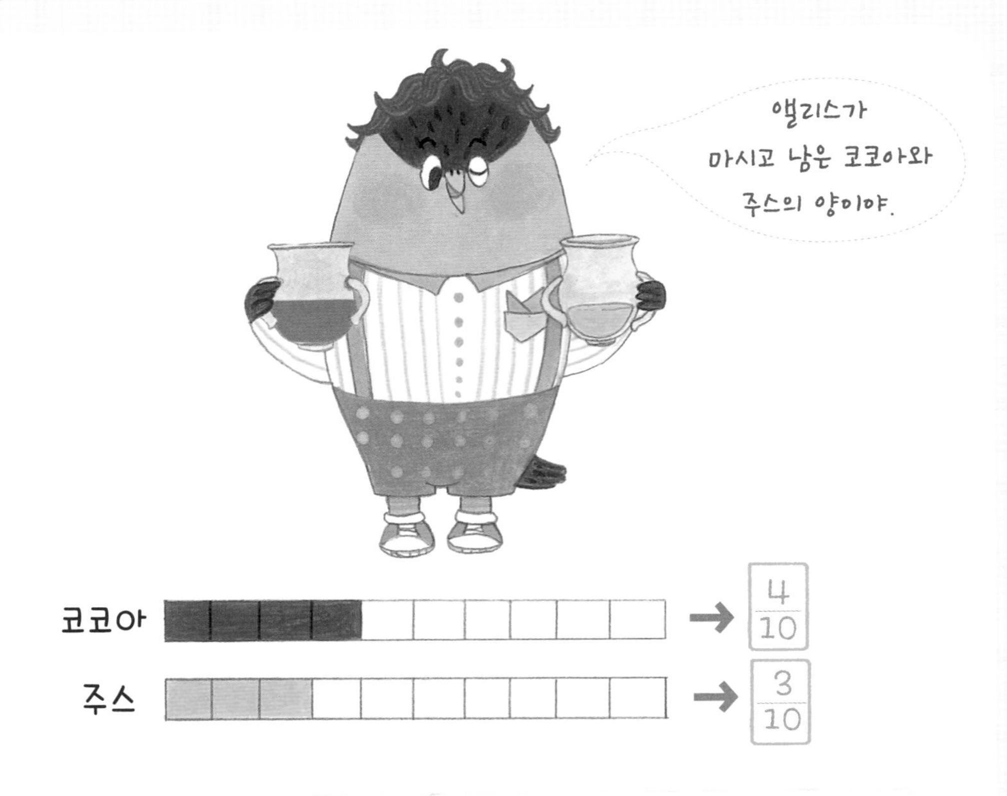

앨리스는 코코아와 주스 중에서 어느 것을 더 많이 마셨을까요?

앨리스가 먹은 코코아와 주스 양을 분수와 소수로 나타내는 문제입니다. 코코아는 남은 양이 10칸 중에서 4칸이니까, 먹은 코코아의 양은 10칸 중 6칸입니다. 분수로 나타내면, 전체 코코아 컵의 $\frac{6}{10}$이고, 이 분수를 소수로 나타내면 0.6 이 됩니다.

그다음 남은 주스의 양은 10칸 중 3칸이니까 먹은 주스의 양은 7칸입니다. 앨리스가 먹은 주스를 분수로 나타내면 전체 주스 컵의 $\frac{7}{10}$ 이고, 이 분수를 소수로 나타내면 0.7 입니다.

두 번째는 소수의 크기를 비교하는 문제입니다. 코코아는 전체 컵의 0.6 을 먹었고, 주스는 전체 컵의 0.7 을 먹었습니다. 여기서 코코아가 든 컵과 주스가 든 컵의 크기가 똑같으므로 소수끼리만 비교하면 됩니다.

0.6 은 0.1 이 6개고, 0.7 은 0.1 이 7개니까,

0.7 > 0.6 입니다.

그러니까 앨리스는 주스를 더 많이 마셨습니다.

분수로 나타낸 나무의 길이를 소수로 바꾸어 볼까요?

이 문제는 가분수를 대분수로 만들고, 그 분수를 소수로 표현해 소수 자릿수의 의미를 알아보는 문제입니다.

우선 분수 $\frac{373}{100}$을 소수로 나타내기 위해 대분수로 바꿉니다.

$$\frac{373}{100} = \boxed{3} + \frac{73}{100} = \boxed{3} + \boxed{0.73} = \boxed{3.73}$$

$\frac{373}{100}$을 소수로 나타내면 $\boxed{3.73}$ 입니다.

이 소수에서 0.01의 자리의 숫자는 $\boxed{3}$ 이고, 그 숫자가 나타내는 수는 $\boxed{0.03}$ 입니다.

이제는 척척! 킥킥 만세! 자, 정리를 좀 해 볼까?

분수는 전체를 똑같이 나눌 때도 사용하지만, 부분이 전체에 대하여 얼마를 차지하는지, 부분이 부분에 대하여 얼마를 차지하는지 나타낼 때도 사용해. 4가 20을 똑같이 다섯 묶음으로 나눈 것 중의 한 묶음일 때, 4는 20의 $\frac{1}{5}$이라고 하잖아.

분자가 1인 분수가 단위분수이고, 분수는 분자가 같을 때 분모가 커질수록 작아진다는 것을 기억해.

소수는 1보다 작은 수를 나타내는 데 아주 실용적이야. 분수는 크기를 판단하기 힘들지만 소수는 길이를 추측하는 데도 어려움이 없고 실생활에서 자주 사용되는 수야. 소수점을 이용하여 1보다 큰 수와 작은 수를 구분하는 것은 정말 대단한 발견이라니까.

그리고 소수도 자연수처럼 덧셈이나 뺄셈을 할 때 받아올림이나 받아내림을 해서 계산을 하면 돼. 우리는 10이 되면 그 윗자리로 받아올림을 하는 십진법으로 수를 나타내고 있으니까. 소수점은 1보다 큰 수와 1보다 작은 수를 구분하고 있어! 저기 보이는 수평선이 바다와 하늘을 구분하듯이 말이야. 멋지지 않아!

꿈꾸는 세상

내가 상상한 단 하나뿐인 식탁

마법의 식탁이야.
음식을 상상하고, 그 음식의 크기를 생각해 봐. 그럼 식탁 위에 그 음식이 놓이게 돼. 아무리 큰 음식도 다 놓을 수 있어!
단, 조건이 있어! 음식의 크기는 분수나 소수여야 한다는 점 잊지 마.
자연수로 말하면 식탁은 사라진다고.
너희의 크기는 0.1이야.
자, 세상에 하나뿐인 너희들만의 식탁을 상상해 봐!

12.6
?
3/100
0.00001
?
?

모양과 형태를 수학으로!

: 각도, 수직과 수평, 평면도형의 둘레

세상의 모든 사물에는 모양과 형태가 있습니다.
오늘 킥킥이의 숙제는 자기가 가장 좋아하는
물건을 그리는 것입니다.
그리기를 어려워하는 킥킥이가 좋은 생각을 했습니다.
시꾸기의 집인 벽시계를 재미있게 그려 보는 것이었죠.
색깔을 다양하게 써서 말입니다.
킥킥이는 벽시계를 뚫어져라 보면서
형태를 그대로 도화지에 옮겼습니다.

3학년 1학기 ■평면도형
3학년 2학기 ■원
4학년 1학기 ■각도와 삼각형
4학년 2학기 ■수직과 평행, 다각형

90°
1cm
1cm

시꾸기의 멋진 집 그리기

"처음과 끝이 있는 곧은 선을 뭐라 했더라?"

킥킥이는 한참 허공을 멀뚱멀뚱 보다가 무릎을 쳤습니다.

"아하, 두 점을 곧게 이은 선을 선분이라고 하지. 시계에는 선분이 참 많구나. 하지만 시계 판은 선분이 하나도 없는 원이야. 어떻게 해야 원을 똑바로 그리지? 자꾸 삐뚤어지네. 에이, 또 망쳤다!"

킥킥이는 시계 판을 그리려다가 자꾸 실패했습니다. 그래서 다른 부분부터 그리기로 했습니다.

시꾸기가 사는 벽시계는 멋진 집 모양입니다. 뾰족한 지붕은 직각보다는 예리한 예각을 꼭지각으로 갖는 이등변삼각형입니다. 만일 직각보다 둔한 모양의 둔각이라면 지붕이 낮았을 거예요. 시꾸기가 사는 집의 몸체는 직사각형입니다. 마주 보는 변끼리 길이가 같고 네 각은 모두 직각인 직사각형 모양입니다. 직사각형 몸체에는 다양한 크

기의 원이 여러 개 그려 있습니다. 킥킥이는 벽 시계를 멋지게 그려서 시꾸기에게 보여 주고 싶었습니다.

킥킥이가 그림에 푹 빠져 있는 사이 직사각형 모양의 긴 거울을 질질 끌고 엄마가 거실로 나오셨습니다.

"방에서 입어 보려니까 너무 답답하다!"

엄마는 옷 여러 벌을 함께 들고 나오셨습니다. 그러고는 거울 앞에서 이 옷, 저 옷을 입어 보시면서 못마땅한 얼굴을 하고 계십니다.

"어쩜 이렇게 작년에 입었던 옷들이 하나도 안 맞는다니! 체중이 너무 늘었나 봐. 달나라라도 가야겠어. 내일 친구들이랑 전시회에 가기로 했는데 맞는 옷이 하나도 없네."

킥킥이는 슬픈 표정으로 주저앉아 있는 엄마 앞으로 가서 쭈그리고 앉았습니다.

"엄마, 달나라는 왜 가요?"

"달나라? 호호, 그냥 농담이야. 달의 중력이 지구의 6분의 1이잖니. 엄마 키가 156센티미터에 몸무게가 66킬로그램이니까, 달에 가면 키는 어쩔 수 없어도 몸무게는 11킬로그램으로 줄 거 아냐?"

"정말요? 그럼 허리둘레도 줄어요?"

엄마는 실망한 얼굴로 고개를 저었습니다.

"그건 아냐. 키나 허리둘레, 엉덩이 둘레는 그대로일 거야. 길이뿐만 아니라 넓이도 그대로야. 맞는 옷이 없어서 그냥 한 말이야. 몸무게라도 줄면 위로가 될까 하고……."

킥킥이가 고개를 갸웃거리자, 엄마는 중력에 대해 설명하기 시작했습니다.

"우리가 살고 있는 지구가 어떤 모양이지?"

"둥근 모양이요."

"둥근 모양 위에 서 있는데 우리는 왜 안 떨어질까?"

"왜 안 떨어지는데요?"

"지구가 우릴 당기고 있잖아. 우리만 안 떨어지는 것이 아니라 우리 집만 보더라도 식탁이나 소파, 텔레비전이 떨어지지도 않고, 둥둥 떠다니지도 않지? 이 모든 것이 안 떨어지고 바닥에 딱 붙어 있는 이유는 바로 중력 때문이야. 이래 봬도 엄마가 학교 다닐 때 과학을 좋아해서 공부 좀 했지!"

"그런데 엄마 몸무게와 중력이 무슨 상관이에요?"

"솔직히 말하면, 엄마의 몸무게가 많이 나가는 건 운동을 안 해서 그렇지 중력 때문은 아니야. 말이 나온 김에 중력에 대해 좀 더 설명해 볼까? 무게(질량)가 있는 모든 물체 사이에는 서로 끌어당기는 힘이 작용하는데 그것을 '만유인력'이라고 해. 특히 지구가 물체를 잡아당기는

힘을 중력이라 하고. 바로 그런 중력이 존재하기 때문에 우리는 공중에 떠다니지 않고 땅 위를 걸어 다닐 수 있는 거야. 그리고 이렇게 지구에서 나를 당기는 힘이 바로 무게야."

"그렇구나. 그럼 중력은 지구에만 있어요?"

"달에도 있지만 지구보다 약해. 얘가 또 엄마 실력 발휘할 시간을 주네. 시작해 볼까? 그러니까 중력은 땅 위에 서 있는 사람부터 눈에 보이지 않는 대기까지 모든 것을 잡아당겨. 그래서 지구의 자전 때문에 우주로 날아가려는 것을 지구에 계속 붙어 있을 수 있게 해. 중력의 영향으로 같은 높이에서 지구를 둘러싸고 있는 기체가 있어. 이걸 기권 또는 대기권이라고 해. 텔레비전에서 인공위성을 쏠 때 대기권을 벗어났다는 말을 하잖니. 바로 지구를 둘러싼 기체를 벗어났다는 뜻이야."

"그럼 달에 가면 잡아당기는 힘인 중력이 약해지니까 몸무게도 줄어든다는 말이에요?"

엄마는 고개를 끄덕이면서 전시회에 입고 갈 옷을 쳐다보았습니다.

"그렇지. 이 옷 어떠니? 원이 그려진 옷보다는 삼각형이 그려진 옷이 날씬해 보이겠지?"

"왜요?"

"원은 둥글둥글하니까 더 둥글어 보이는 것 같아. 그러니까 뾰족한 삼각형 무늬가 있는 이 옷이 훨씬 날씬해 보이지 않을까? 예각을 가진 도형이 그려진 옷을 입었을 때 더욱 날씬해 보이거든. 둔각이나 직각만으로는 부족해. 원 같은 경우는 더욱 통통해 보이고……."

"뾰족하면 날씬해 보여요?"

"음……. 엄마의 바람이랄까? 호호. 엄마가 내일 전시회에 가서 볼 그림이 어떤 그림인 줄 알아? 색과 선으로만 대상을 표현하는 신조형주

의 화가의 전시라고."

"그런데요?"

"그 화가들 그림에 주로 도형이 많이 등장하니까, 엄마도 그에 걸맞은 옷을 입고 가야 하지 않을까? 호호. 특히 사각형이 많겠지만 말이야."

"엄마도 그림인 줄 착각하고 벽에 걸면 어떻게 해요? 큭큭."

엄마는 큰 소리로 웃으면서 이등변삼각형이 잔뜩 그려져 있는 원피스로 결정했습니다.

"그런데 엄마, 그 전시회에 왜 사각형이 많아요?"

"피에트 몬드리안의 그림이 있거든. 그 화가는 우리 눈에 보이는 나

무와 산, 복잡한 선들을 모두 수직과 수평이라는 질서로 봤대. 너도 본 적이 있을 텐데. 〈빨강, 파랑, 노랑의 구성〉이라는 작은 직사각형 그림. 본 적 있지?"

"모르겠는데요."

"왜 있잖아. 빨강 정사각형이 오른쪽에 있고 왼쪽과 아래쪽에 직사각형이 그려진 그림."

엄마는 손가락으로 그림 그리는 시늉을 하면서 설명했습니다. 그 모습을 보면서 킥킥이는 그림 하나를 떠올렸습니다.

"아하! 그런데 왜 그 그림이 수평과 수직으로 설명이 돼요?"

"수평은 기울지 않고 평평한 상태고, 지구 중력의 방향과 직각을 이루는 방향이야. 수직은 두 선이 만나는 각도가 직각인 경우야. 수평한 선들끼리는 서로 만나지 않아. 이런 경우, 평행하다고 해. 그 선들은 아무리 뻗어 나가도 만나지 않아. 이렇게 선들이 수평과 수직으로 그려지면 평행하거나 수직이 되는 관계로 그려지고, 결국 크기가 다른 정사각형과 직사각형들이 그려져. 바로 그런 그림들이 잔뜩 걸려 있는 신조형주의 그림 전시회야. 킥킥이 말대로 사각형 무늬의 옷을 입고 가면 엄만 벽에 걸리는 신세가 될걸. 호호호."

킥킥이는 엄마를 따라 크게 웃었습니다. 그리고 벽시계를 그릴 때도 수평과 수직을 이루는 선들을 많이 그려 넣어야겠다고 생각했습니다.

킥킥이는 다시 벽시계를 그리기 시작했습니다. 킥킥이 엄마는 아직도 거울 앞에서 옷을 입어 보며 이야기를 합니다. 엄마가 마룻바닥에 늘어놓은 옷들에는 같은 모양이 여러 개 그려져 있었습니다. 사각형, 원, 삼각형이 밀기, 뒤집기, 돌리기를 이용해 예쁜 무늬를 만들어 냈습니다.

킥킥이는 벽시계 아래 달린 장식들을 여러 다각형들로 꾸미고 있었습니다. 도형 그리는 것이 이렇게 재미있는 줄은 미처 몰랐습니다.

"정말 예쁘다. 그런데 킥킥이는 키 크려면 이제 자야 하는데. 엄마는 옷 결정했어."

"전 그림 숙제 아직 다 못 했어요. 조금만 더 있다가 잘게요."

"그래. 그럼 엄마 먼저 잔다."

수직과 평행, 각도와 평면도형, 원 그리기

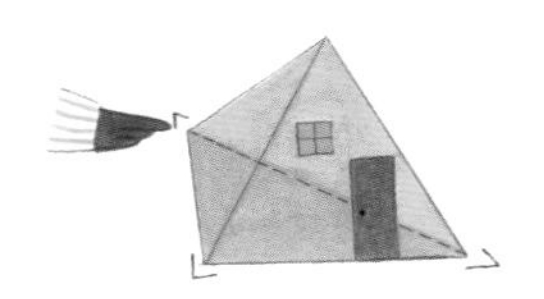

이제 시계 판만 그리면 그림이 완성됩니다. 그런데 방법을 몰랐습니다. 킥킥이는 12시를 알리는 '삐꾹' 소리가 시작되자마자 수학을 알려 달라고 소리쳤습니다. 그러자 깜짝 놀란 시끄기가 열두 번째 '삐꾹'을 외치다 말고 살아났습니다.

"잘 지냈어? 오늘은 내가 시끄기 집을 그렸어. 미술 숙제이긴 하지만, 시끄기 집이라서 더욱 의미를 두어 멋지게 그렸어. 어때?"

"색깔이 정말 멋지구나. 그런데 시계는 어디에 있어?"

"그래서…… 시끄기를 깨웠어. 시계를 그리려면 원을 그려야 하는데 자꾸 원이 찌그러져서."

"시계만 그리면 멋지겠는데?"

"정말? 히히. 그런데 동그란 원을 어떻게 그려야 해?"

"수학도 공식만 외워서 풀려고 하면 안 되듯이, 그냥 무작정 그리려

고만 하지 말고 동그란 원을 그리려면 어떻게 그려야 하는지 생각해야지! 에헴."

"그냥 손목에 힘주고 선분이 아니라 곡선으로 그리면 되지 않아?"

"그렇게 했는데도 안 되니까 나한테 방법을 물어본 거 아냐?"

시꾸기는 보란 듯이 긴 막대기로 커다란 원을 그려 보였습니다.

자, 시꾸기 수학의 문을 열어 볼까?

과학에서 말하는 물체라는 것은 모두 형태를 지녔어. 형태는 선과 선이 만나서 그 모양을 이루지. 그리고 선들은 모두 곧은 선인 선분과 굽은 선인 곡선으로 이뤄져 있고. 수학에서 **'선분'은 두 점을 곧게 이은 선**이야.

우리가 사는 세상은 하나니까 모든 것이 연결되어 있어. 수학이나 과학처럼.

끝없는 선에 대한 얘기를 해 줄까~악까악?

선분을 양쪽으로 끝없이 늘이면 시작도 끝도 없는 곧은 선이 되는데,

그것이 '직선'이야. 한 점에서 한쪽으로 끝없이 늘인 곧은 선은 '반직선'이고~양이야옹!

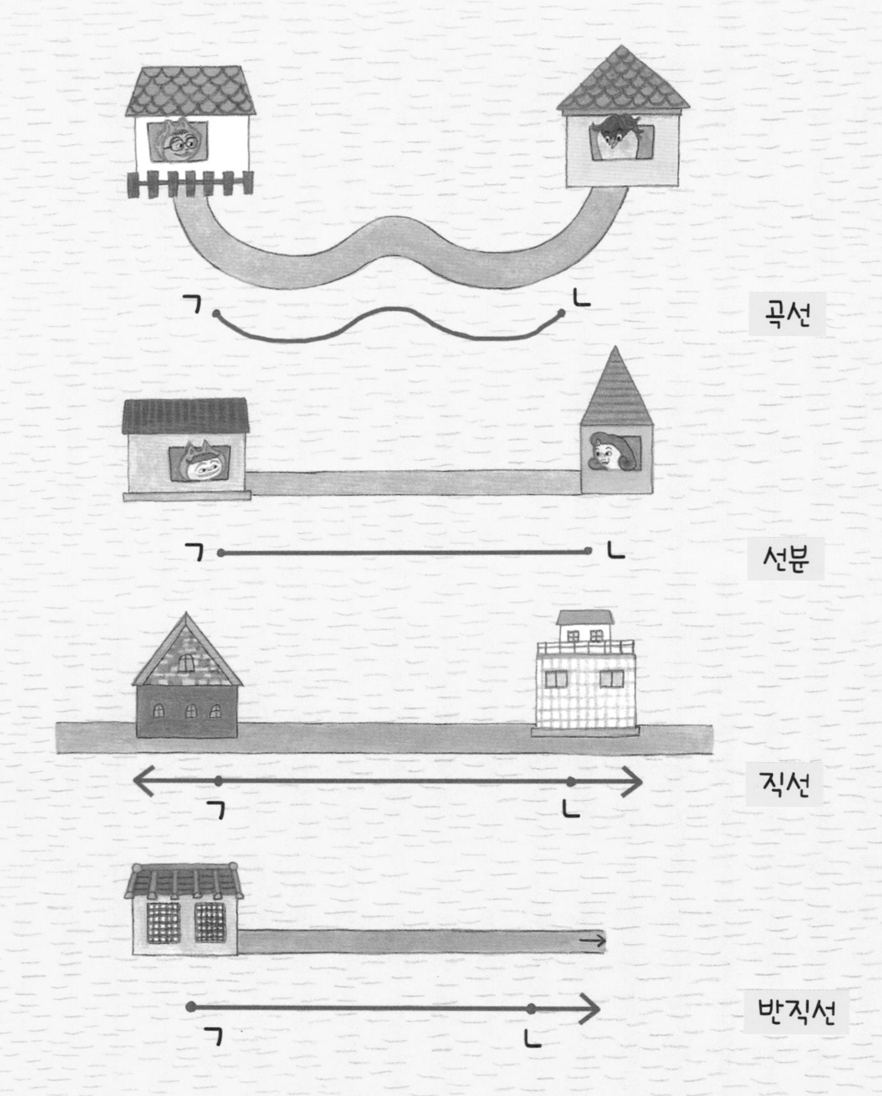

우리가 전체를 볼 수 있는 모든 물체는 처음과 끝이 있는 선분이나 굽은 선으로 되어 있어. 만일 반직선이나 직선으로 된 물체가 있다면

끝없이 이어져서 지구를 벗어나 저 멀리 우주 어딘가로 뻗어 나가고 있겠지.

네가 그린 그림은…… 시계 판을 제외하고 모두가 다각형이구나!

다각형이란, 선분으로 둘러싸여 있는 도형이야. 삼각형, 사각형처럼 **3개 이상의 선분으로 둘러싸인 도형이 '다각형'**이지. 시계 판은 '원'이고, 원은 선분으로 둘러싸여 있지 않으니까 다각형이 아니야.

굽은 선으로 이뤄진 도형들은 모두 다각형이 안 되고, 선분으로 이뤄졌다고 해도 선분 3개 이상으로 둘러싸여 있지 않으면 다각형이 아니라는 걸 기억해!

예를 들면 **'각'은 한 점에서 그은 2개의 반직선으로 만들어지는 도형**이니까 각이 변으로 둘러싸여 있지 않아. 그러니까 다각형이 아니야. '각도'는 각의 크기를 말해. 두 변이 벌어진 정도지. 각을 읽을 때는 항상 꼭짓점이 가운데 오도록 읽어라~일락! 음, 라일락은 향긋하지?

각 ㄱㄴㄷ, 또는 각 ㄷㄴㄱ 이렇게.

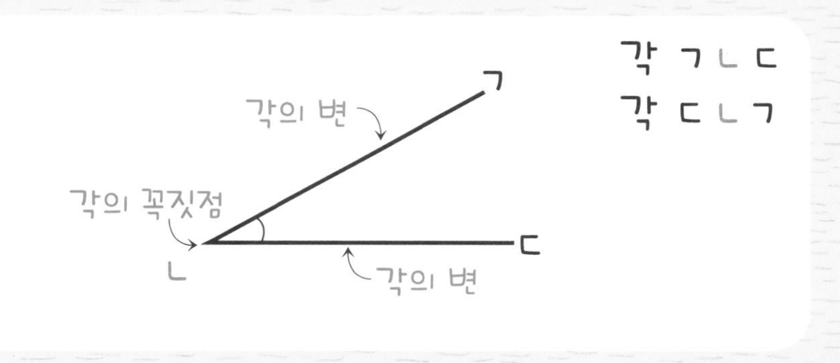

이런 각도를 나타내는 단위가 1도야. 직각은 색종이 한 장을 정확하게 반을 접고, 다시 반을 접었다가 펼쳤을 때 생기는 각이야. 직각 삼각자에서도 직각을 찾을 수 있어. 직각을 90으로 나눈 하나가 바로 1도이고, 1°라고 써. 어때, 직각의 크기가 90°라는 것은 알겠지?

자, 이번에는 각도가 120°로 벌어진 부채를 그려 볼게. 각도를 어떻게 재냐고? 뻐어꾹~! 각도기를 이용하면 되지. 각도기의 중심을 각의 꼭짓점에 맞추고, 각도기의 0°를 가리키는 선을 각의 한 변에 맞추는 거야. 그런 다음 다른 변이 가리키는 각도기의 눈금을 읽으면 돼.

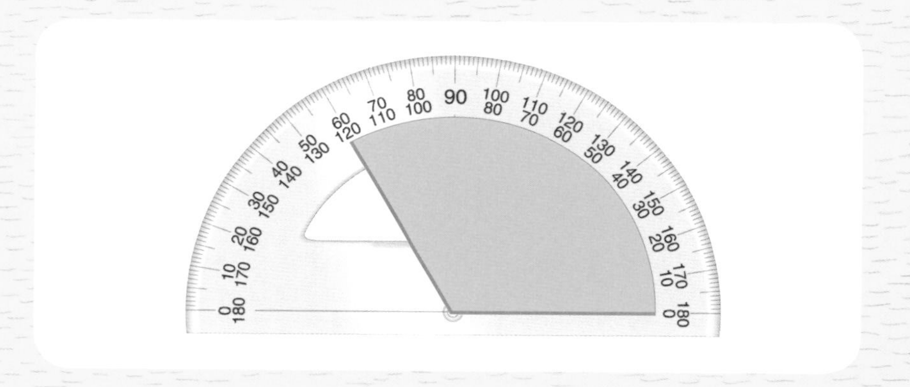

엄마가 날씬해 보이기 위해서 어떤 모양이 그려진 옷을 입어야겠다고 했는지 기억나? 둔각보다는 예각으로 된 도형이 그려진 옷을 입으면 날씬해 보이겠지? **90°보다 큰 각이 둔각**이고, **90°보다 작은 각이 예각**이거든. 변과 변이 만나면 항상 각이 만들어지잖아. 그때마다 각도를 잴 수 있어! 이제 이해가 되지? 뻐꾸욱~.

그리고 엄마가 작년보다 뚱뚱해졌다고 했잖아. 어떻게 알았을까? 그래, 몸무게와 허리둘레를 재면 알 수 있어!

수학에서도 어느 도형이 더 뚱뚱한지 알 수 있는 방법이 있어. 도형의 둘레나 넓이를 구하면 돼. 그러나 사람이나 동물의 몸과는 달리 자를 이용하지 않고 직접 계산해서 구해.

'둘레'라는 것은 그 도형을 둘러싼 변 길이의 합이야. 허리둘레도 허리를 둘러싼 선의 길이잖아. 그래서 줄자로 허리둘레를 재는 것이고~양이. 헤헤.

'넓이'는 면의 크기를 수로 나타내는 거야. 그 넓이를 나타내기 위해서는 네 변의 길이가 모두 같고 네 각이 모두 직각인 사각형, 즉 '정사각형'이 필요해. 넓이를 길이처럼 측정하고 싶다면, 한 변의 길이가 1cm인 정사각형이 가득 들어 있는 자루를 들고 다녀야 할걸?

너희 집 목욕탕 타일을 잘 봐. 4개의 선분으로 둘러싸여 있지? 이렇게 3개 이상의 선분으로 둘러싸여 이루어진 것을 면이라고 해. 알겠니?

그 **면의 크기를 넓이라고 하고, 한 변의 길이가 1cm인 정사각형, 즉 단위 정사각형의 넓이를 1제곱센티미터라고 읽고 $1cm^2$라고 써.** 그러니까 직사각형이나 정사각형의 넓이를 구하기 위해서는 이 단위 정사각형이 몇 개 들어 있는지 계산하면 되지.

이제 넓이를 이해하겠지? 그럼 다시 도형의 형태에 대하여 이야기해 볼까?

자연에 있는 모든 식물이나 동물은 물론이고, 인간이 만든 것들도 모두 형태와 모양이 있어. 특히 자연의 형태와 모양을 어떻게 해석하느냐에 따라 수학이 될 수도 있고, 미술이 될 수도 있고 다른 분야가 될 수도 있어.

엄마가 가시는 전시회에 전시된 그림을 그린 작가는 자연을 이루는 형태가 무엇인지 궁금했던 거야. 그리고 자연의 가장 기본적인 선을 수평과 수직이라고 생각했어.

두 직선이 만나서 이루는 각이 직각일 때, 두 직선은 서로 수직이라고 하고, 두 직선이 서로 수직일 때, 한 직선은 다른 직선에 대한 수선이라고 해. 또 자연에서 "물체가 어느 한쪽으로 기울지 않고 평평한 상태"를 수평이라고 해. 그리고 수평인 땅 위에 곧게 자란 나무는 땅과 수직으로 만난다고 할 수 있어. 그렇다면 수평인 땅에 수직인 나무 두 그루가 나란하게 자라면 아무리 뻗어 올라가도 만나지 않겠지? 이때 이 나무들은 평행한 거야. 수학에서 보면, 한 직선에 수직인 두 직선은 아무리 뻗어 나가도 만나지 않아. 이처럼 **서로 만나지 않는 두 직선을 평행하다고 하고, 평행한 두 직선을 평행선**이라고 해. 바로 이런 수직과 평행의 개념이 자연에서 기본이 된다는 거야.

그 작가가 바로 피에트 몬드리안(Pieter Cornelis Mondrian, 1872~1944)이야. 몬드리안은 모든 물체를 곡선이나 사선은 피하고 주로 수평선과 수직선만 이용해서 표현했어. 색채는 청, 적, 황의 삼원색과 백, 흑, 회색만 사용했고, 화면을 구성할 때도 비례 관계를 엄격하게 지키려 했지. 그래서 물체를 보이는 대로 그리지 않고 그 물체를 구성하는 가장 기본적인 선인 수평과 수직으로만 그린 거야.

몬드리안도 처음에는 눈에 보이는 대로 그림을 그렸었는데, 시간이 흐르면서 여러 번의 시행착오를 거쳐서 이 방법을 알아냈어.

나무를 예로 들어 볼까? 나무는 땅 위에 대부분 곧게 서 있지? 나무가 땅 위에 가장 안정적으로 서 있기 위해서는 땅과 수직으로 있어야만 해. 그래야 넘어지지 않으니까. 우리도 땅 위에 똑바로 서 있잖아. 잘 서 있기 위한 최상의 자세로 말이야.

킥킥이도 한번 생각해 볼래? 세상을 이루는 가장 기본적인 선이 어

떤 것인지에 대해. 자, 이젠 몬드리안의 그림을 수학적으로 좀 더 이야기해 볼까?

지면에 수평하거나 수직하게 그려진 선들끼리는 서로 평행하거나 수직이잖아. 그렇다면 서로 평행한 선분으로 이루어진 사각형은 어떻게 생겼을까? 자, 내가 그려 볼게.

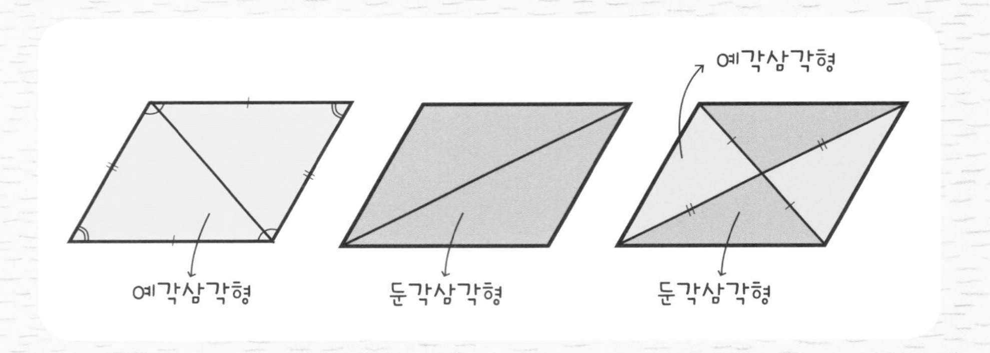

자, 이 사각형은 평행사변형이야. 마주 보는 변들의 길이가 같아. 그리고 마주 보는 각의 크기도 같아.

사각형의 이웃하지 않는 꼭짓점을 연결한 선은 **대각선**이야. 대각선을 하나만 연결하면 어떤 도형이 나올까? 내가 그린 평행사변형 왼쪽 위 꼭짓점에서 오른쪽 아래 꼭짓점으로 선분을 그리면 예각삼각형, 오른쪽 위에서 왼쪽 아래로 선분을 그리면 둔각삼각형이야~호. 그럼 대각선을 모두 연결하면? 두 개의 대각선을 모두 연결하면 예각삼각형과 둔각삼각형이 모두 나오네. 사각형의 대각선은 항상 삼각형을 만들어 낸다~락방? 빼어꾹!

마주 보는 변들이 평행하고 네 각이 모두 같은 사각형도 알지? 바로 네 각이 모두 직각인 **직사각형**이야. 사각형은 변이 4개, 꼭짓점도 4개.

직사각형 중에서 네 변의 길이가 같으면 정사각형이야. 정사각형은 네 각이 모두 직각이고 네 변의 길이가 모두 같아.

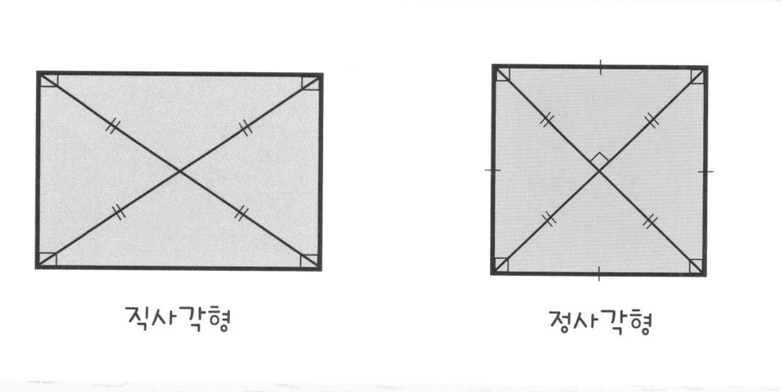

사각형에서 수평과 수직으로만 만들어진 도형은 정사각형과 직사각형이야. 이런 다각형들이 어떻게 만들어졌는지 궁금하지 않아? 언제

부터 각의 모양이나 크기를 가지고 도형을 구분했을까?

인간들은 양이나 낙타를 기르면서 신선한 풀이 많은 초원을 찾아 옮겨 다니는 유목민 생활을 했어. 그러다 목축과 농경을 하는 신석기 시대에 들어서면서 정착 생활을 하게 되었지. 다 아는 이야기지? 농경을 하려면 사람들이 모여 살아야 하는데 집 모양을 어떻게 해야 서로 가까이 모여 살기 좋을까를 생각했어.

자연을 수평과 수직으로 해석해서 그렸다는 몬드리안의 그림처럼 서로 딱 붙어 있으려면 직사각형이나 정사각형만 있으면 되지 않을까?

옛날 사람들도 여러 가지 모양으로 시험을 해 봤겠지. 우리가 지내는 방의 모양을 보면 원이나 삼각형이 아니라 직사각형이나 정사각형 모양이잖아. 집 안에 있는 방의 모양을 잘 생각해 봐! 효율적으로 공간을

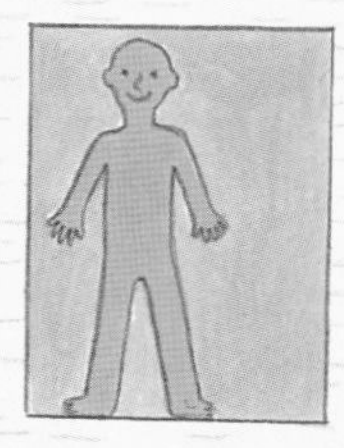

이용하려면 직사각형을 이용해야 해. 그리고 빗물을 처리하려면 지붕을 삼각형으로 해야겠지? 경사 때문에 물이 고여 있을 수가 없을 테니까. 그래서 비가 많이 오는 지역의 집 지붕은 그렇지 않은 지역보다 경사가 더 급해. 그런데 삼각형은 각의 끝 부분으로 갈수록 공간 활용이 좋지 않아서 집 모양으로는 적합하지 않아. 이렇게 생활에 필요하기 때문에 도형들이 생겨났고, 각 도형들의 성질을 연구해서 좀 더 편리한 생활을 위해 쓰이게 된 거지.

자, 그럼 다시 사각형으로 돌아가 보자. 직사각형에서 이웃하지 않는 꼭짓점을 연결하면 어떤 도형이 나올까? 대각선을 하나만 그으면 말

이야! 한 각이 직각인 삼각형인 직각삼각형이 나와~플. 아, 달콤한 와플 먹고 싶다. 흠흠, 변이 3개, 꼭짓점이 3개인 삼각형은 각의 크기에 따라 분류해. 세 각이 모두 예각인 삼각형은 예각삼각형, 한 각이 직각인 삼각형은 직각삼각형, 한 각이 둔각인 삼각형은 둔각삼각형. 여기서는 직각삼각형이 당첨!

삼각형은 각의 크기에 따라 분류할 수 있지만 변의 길이에 따라서도 분류할 수 있어. 두 변의 길이가 같은 이등변삼각형과 세 변의 길이가 같은 정삼각형으로 말이야. 여기서는 이등변삼각형이 당첨! 이등변삼각형의 각도를 재어 보면 두 각의 크기가 같다는 것을 알 거야. 정삼각형은 세 각의 크기가 모두 같다는 것을 알게 될 것이고~양이. 우리가 **정사각형이나 직사각형에 대각선을 그어 만나게 되는 도형은 직각삼각형 또**

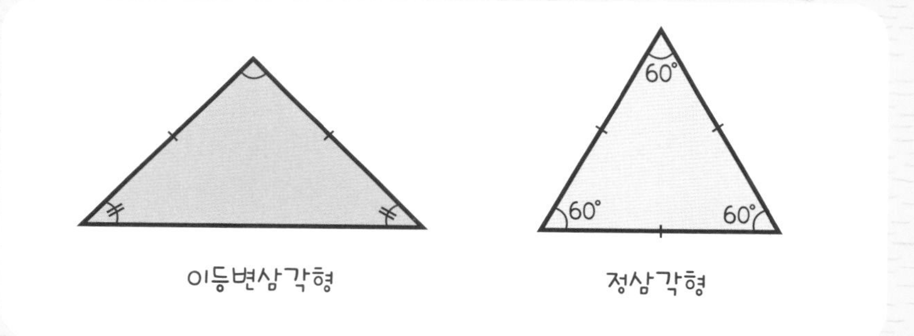

는 이등변삼각형이야.

사각형의 종류는 정사각형이나 직사각형 말고도 참 다양하잖아? 네 변과 네 각이 같으면 정사각형이지만 네 변만 같은 사각형도 있거든! **네 변의 길이가 모두 같은 사각형은 마름모**라고 해. 마름모를 그려 볼까? 반드시 네 변의 길이가 모두 같아야 마름모가 된다~람쥐. 마름모는 마주 보는 각의 크기도 같아. 이렇게 다양한 사각형의 대각선을 연결하면 정말 다양한 모양의 삼각형들이 나오겠지?

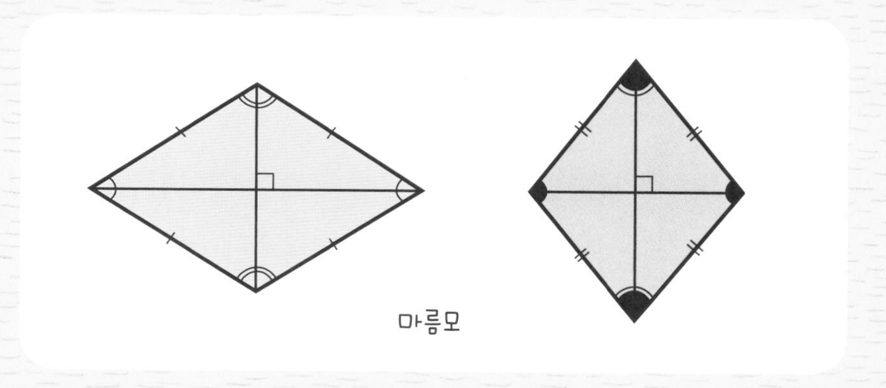

킥킥이 그림에도 삼각형이 많네. 시계추 옆에 길게 늘어진 도형들을 자세히 볼래? 다양한 삼각형과 사각형들이 있지! 뾰족뾰족한 삼각형 때문에 벽시계가 보석 같아 보이는데?

이런 보석 같은 삼각형이나 사각형은 자를 이용하면 그릴 수 있어. 그런데 원은 달라. 원 그릴 때 힘들었지? 원은 어떻게 그려야 할까?

원은 컴퍼스를 이용해서 한 끝점을 고정시키고 다른 한 끝점을 한 바퀴 돌려서 그려. 이때 컴퍼스로 찍은 점을 **원의 중심**이라고 하고, 원의 중심에서 원 위의 한 점까지 거리를 원의 **반지름**이라고 해. 그리고 반지름은 하나의 원에 무수히 많이 그릴 수 있어.

컴퍼스가 없다고? 걱정 마. 컴퍼스가 없어도 그릴 수 있어.

종이와 가위, 그리고 연필 두 자루를 가져와. 다른 방법을 알려 줄게!

자, 우선 종이를 좁고 길게 종이테이프처럼 자르고, 네가 그리고 싶은 원의 반지름을 정해. 그런 다음, 이 종이의 한 끝을 연필로 고정시키고, 다른 연필로 반지름 길이의 끝에 구멍을 뚫어서 연필심을 넣은 다음 돌리는 거야. 한쪽은 고정시키고 그 종이를 당기면서 둥글게 그리면 이렇게 원이 그려져. 자, 어때?

여기 고정된 연필을 꼭 누르고 있던 자리가 이 원의 중심이고, 이 중

심에서 다른 쪽 연필까지의 종이테이프 길이가 반지름이야. 그리고 또 반지름을 2배로 하면 **원을 지나는 선분 중 가장 긴 선분인 지름**이 돼. 그리고 지름은 원의 중심을 지나고 있다는 것도 잊지 마.

원의 지름도 반지름처럼 한 원 안에서 무수히 많이 그릴 수 있고, 한 원 안에서 원의 지름의 길이는 모두 같아. 물론 반지름의 길이도 모두 같지.

듣고 말해 볼래?

도형에 대해 샅샅이 말해 봐!

우리 주변에 마름모 형태를 띠고 있는 것에는 무엇이 있을까?

하늘 위로 바람을 타고 훨훨 날아오르는 연도 있고,
우리 집 벽지 무늬도 마름모고, 벽시계 그릴 때 추 옆에
매달린 사각형 가운데도 마름모가 있었어.

마름모는 어떤 성질이 있지?
내가 마름모를 접어 볼 테니까 잘 보고 마름모의 성질을 말해 봐.

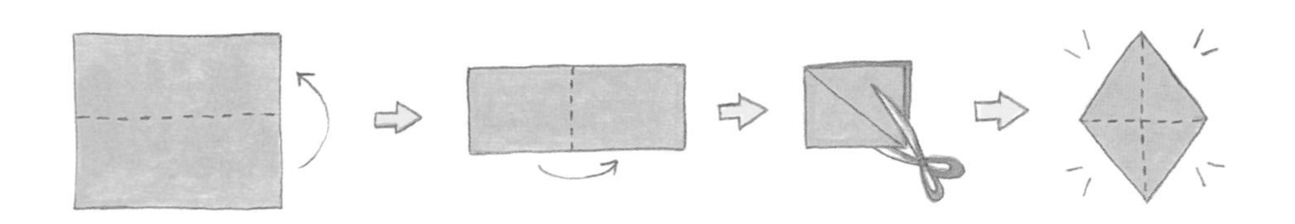

마름모는 자른 쪽이 네 변이 되니까, 네 변의 길이가 같아.
그리고 접은 선이 대각선이 되니까, 대각선이 서로 이등분하고
수직으로 만나. 그리고 마주 보는 변들이 평행하고
마주 보는 각들이 같아.

훌륭한데? 빠어꾹!
직사각형은 어떤 성질을 가지고 있을까?

직사각형은 마름모처럼 마주 보는 변이 평행해.
하지만 네 변이 같지 않고 네 각의 크기가 같아.

옳거니!
그러면 마름모와 직사각형의 공통점이 뭐지?

마주 보는 변의 길이가 같고
평행하다?

맞아! 바로 그런 사각형을
'평행사변형'이라고 하는 거야.
자, 그림을 보고 평행사변형이
어떤 성질을 갖고 있는지 말해 볼래?

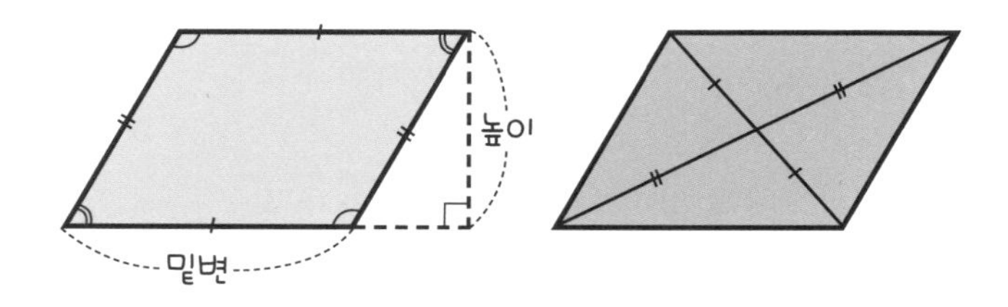

마주 보는 변이 평행하고 길이가 같아.

마주 보는 각의 크기가 같아.

한 쌍의 변이 평행할 때는 뭐라고 하면 좋을까?
한 쌍의 변이 평행한 사각형은 어떤 모양일지 생각!
빼어꾹! 네 주변에 있는 물건들 중에서 말이야.

한 쌍의 변이 평행하다는 것은
다른 한 쌍은 평행하지 않아도 된다는 거야?

그렇지. 한 쌍만 평행하거나 두 쌍이 평행한 사각형 모두를 말해.
그런데 한 쌍만 평행한 경우를 생각해서 이름을 지었어.

음…… 한 쌍만 평행하다……
사다리 같은데?
사다리 사각형이야?

사다리 모양 같다는 뜻.
모양이나 형태는 '꼴'이라고 하고!

아하! 그럼 사다리꼴?

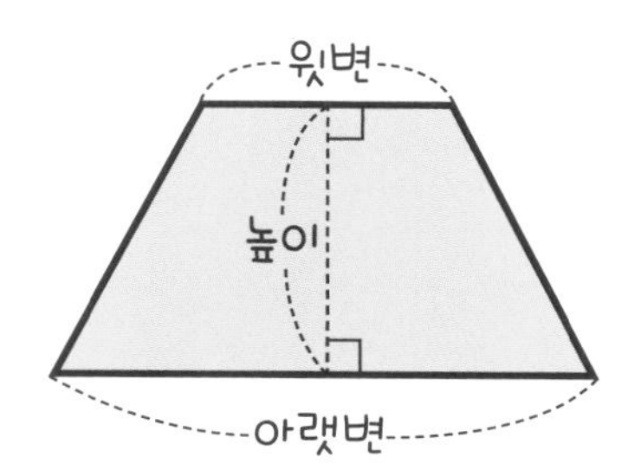

그래! '사다리꼴'은 사다리 형태라는 뜻이지.
사다리꼴은 마주 보는 한 쌍의 변이 서로 평행인 사각형이고,
사다리꼴에서도 이웃하지 않는 꼭짓점끼리 연결해서 생기는
'대각선'을 그릴 수 있어. 모든 사각형들은 대각선을 그릴 수 있어.
그리고 대각선을 연결하면 삼각형이 그려지지?
아래 그려진 사다리꼴은 대각선을 하나 그리면
둔각삼각형과 예각삼각형이 나와.
두 개 모두 그려도 예각삼각형과 둔각삼각형이 나오지.

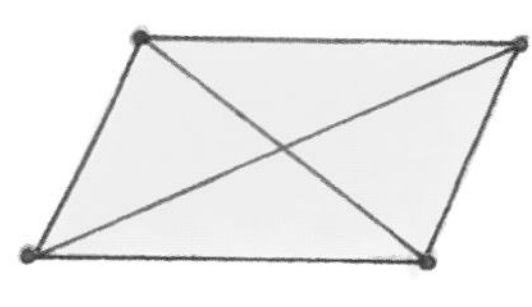
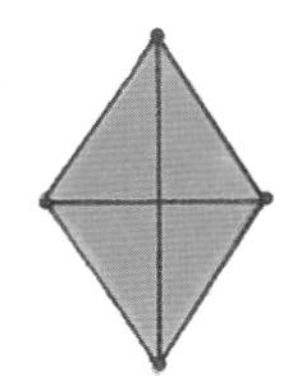

삼각형 모양이 다 다르네. 그럼 이름도 다 달라?

삼각형의 종류는 각의 크기와 변의 길이로 구분해.
직각보다 작은 각을 예각이라고 하는데, 삼각형 세 각의 크기가
모두 예각으로만 이뤄진 삼각형은 '예각삼각형'.
직각보다 큰 각은 둔각이라고 해.
그런 둔각을 가지고 있는 삼각형은 '둔각삼각형',
직각을 가진 삼각형은 '직각삼각형'이야.
자, 정사각형과 마름모에 대각선을 그리니까
어떤 삼각형이 생겼어?

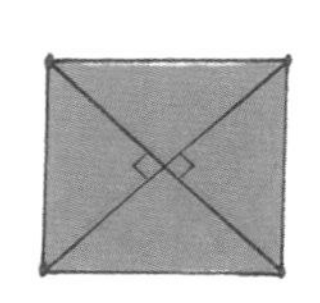
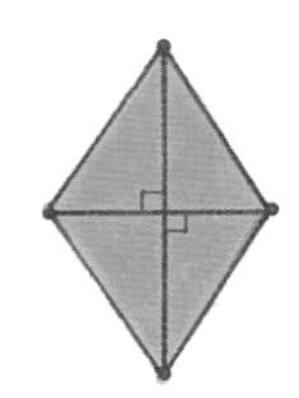

마름모와 정사각형에 대각선을 그리니까
직각삼각형이 4개 만들어졌어.

그럼 직사각형에는 어떤 삼각형이 그려졌니?

직사각형은 예각삼각형이 2개,
둔각삼각형이 2개 만들어졌어.

킥킥이가 빛의 속도로 발전하고 있는데?
그럼 변의 길이로는 삼각형을 어떻게 구분하는지도 설명해 줄게.
삼각형의 두 변 길이가 같으면 '이등변삼각형',
세 변의 길이가 모두 같으면 '정삼각형'이라고 해.

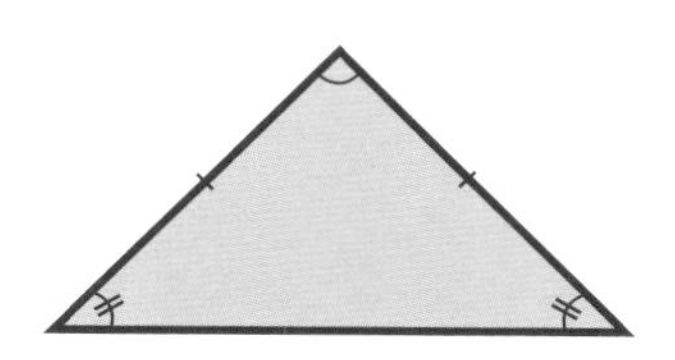

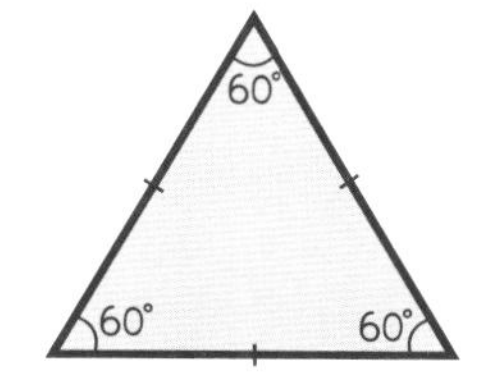

이번에는 신체검사에서
각 신체의 치수를 줄자로 재듯이 도형 검사를 해 볼까?
하지만 도형의 둘레는 자로 측정하지 않고 계산을 해야 해.
도형은 모두 형태를 가지고 있어. 이 형태를 이루는 선들의 길이를
모두 합치면 그것이 그 도형의 둘레야! 여기 있는 이등변삼각형, 정사각형,
직사각형의 둘레가 얼마인지 말해 볼래?

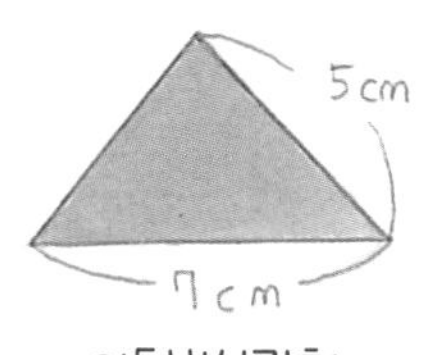

이등변삼각형

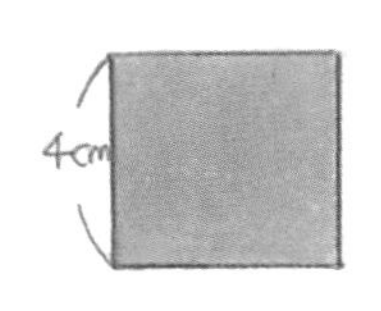

정사각형

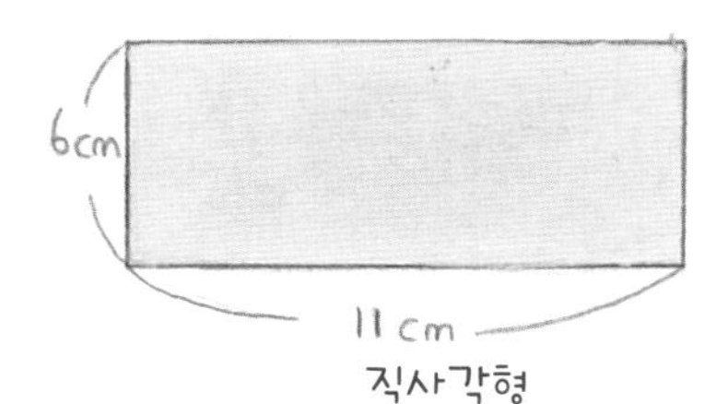

직사각형

이등변삼각형은 두 변의 길이가 같으므로, 둘레는
5 더하기 5 더하기 7을 하면 17센티미터가 되고,
정사각형은 네 변의 길이가 같으니까, 4를 네 번 더해야 해.
그러니까 4 곱하기 4를 하면 16센티미터가 돼.
직사각형은 가로와 세로가 두 개씩 있으니까 11 더하기 6을 하면
17이고, 곱하기 2를 하면 34가 되니까 34센티미터야.

읽고 써 볼래?

눈물 강에 빠진 앨리스를 구해 줘!

자, 《이상한 나라의 앨리스》 이야기를 다시 해 보자. 이 이야기 속에도 숨겨진 도형들이 있어. 잘 읽고 도형을 그려 봐.

난 앨리스 이야기가 정말 재미있어. 상상 속 나라를 경험할 수 있으니까.

다행이다. 내가 아는 이야기가 그것뿐이어서 걱정했는데. 헤헤. 어디까지 얘기했지? 앨리스의 키가 늘어났다고 했나?

응. 거기까지 얘기한 것 같아.

앨리스는 늘어난 키를 줄어들게 하는 방법을 찾기 위해 생각했어. 운다고 키가 원래대로 돌아오는 것은 아니니까 말이야. 그때 멀리서 후다닥하고 발소리가 조그맣게 들렸지. 앨리스는 얼른 눈물을 닦고 다가오는 것이 무엇인지 살펴보았어. 그 발자국의 주인공은 바로 흰 토끼였어.

"흰 토끼야, 나 좀 도와줘."

그러자 흰 토끼는 깜짝 놀라 펄쩍 뛰더니 흰 가죽 장갑과 부채를 떨어뜨리고 어둠 속으로 달아나 버렸지 뭐야.

부채에는 4개의 부챗살이 있는데, 양 끝에 있는 부챗살의 길이가 같아. 그리고 3개의 삼각형으로 다시 나뉘는데, 이 가운데 1개는 예각삼각형이고, 양 끝에 있는 2개는 둔각삼각형이야. 직사각형 색종이를 이용해서 흰 토끼가 들고 있던 부채를 만들어 봐.

90°

앨리스의 부채는 4개의 부챗살이 있기 때문에 3개의 삼각형으로 다시 나뉩니다. 이 가운데 1개는 [예각삼각형]이고, 양 끝에 있는 2개는 [둔각삼각형] 입니다. 양 끝에 있는 부챗살의 길이가 같으므로 부채는 직각삼각형이면서 [이등변삼각형] 입니다. 정사각형의 대각선을 1개 연결하면 [이등변삼각형] 이 만들어집니다. 그림처럼 점선으로 접고 실선을 따라 자르고 펼치면 네 각이 직각이고 네 변의 길이가 모두 같은 [정사각형]이 만들어집니다.

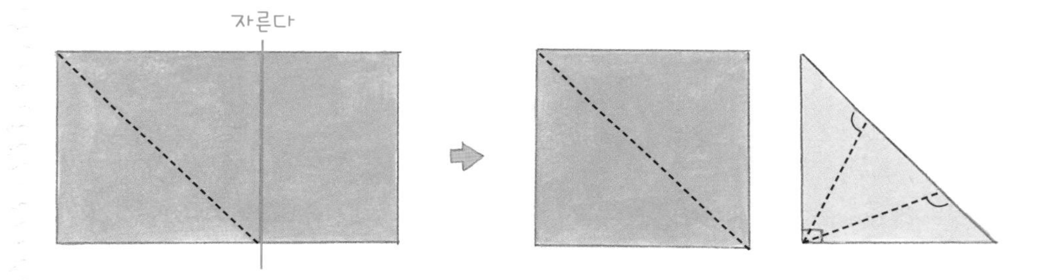

이제 부채를 만들기 위해서 만든 사각형을 대각선으로 접으면 한 각이 직각인 삼각형인 [직각삼각형] 이 만들어집니다. 그런 다음 부챗살이 있는 부분을 접으면 양 끝에는 한 각이 직각보다 큰 각을 가진 [둔각삼각형] 이 2개 만들어지고, 가운데에는 세 각이 모두 직각보다 작은 삼각형인 [예각삼각형]이 1개 만들어집니다.

훌륭해, 브라보! 킥킥이가 드디어 흰 토끼의 부채를 완성했네!

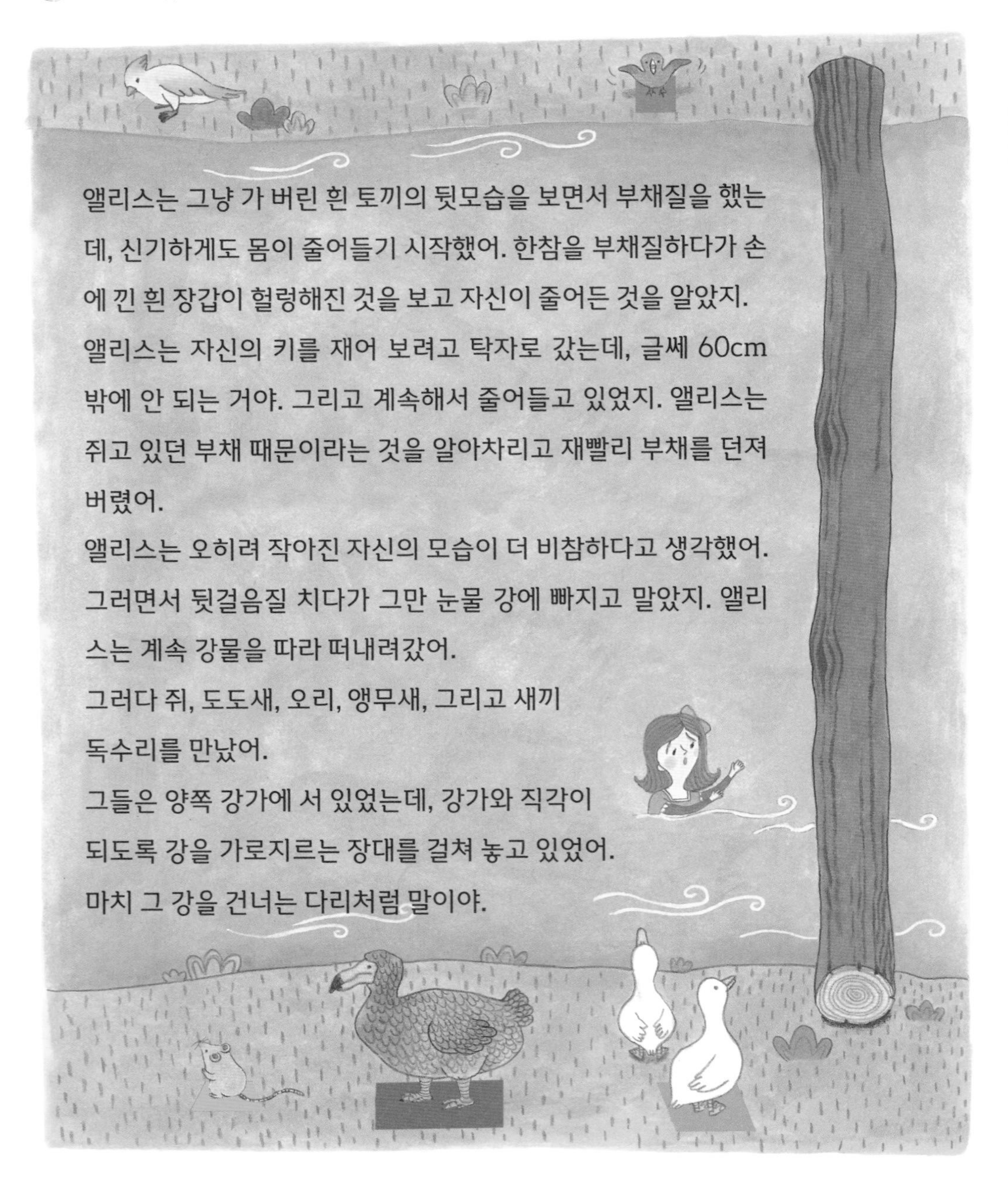

앨리스는 그냥 가 버린 흰 토끼의 뒷모습을 보면서 부채질을 했는데, 신기하게도 몸이 줄어들기 시작했어. 한참을 부채질하다가 손에 낀 흰 장갑이 헐렁해진 것을 보고 자신이 줄어든 것을 알았지.
앨리스는 자신의 키를 재어 보려고 탁자로 갔는데, 글쎄 60cm 밖에 안 되는 거야. 그리고 계속해서 줄어들고 있었지. 앨리스는 쥐고 있던 부채 때문이라는 것을 알아차리고 재빨리 부채를 던져 버렸어.
앨리스는 오히려 작아진 자신의 모습이 더 비참하다고 생각했어. 그러면서 뒷걸음질 치다가 그만 눈물 강에 빠지고 말았지. 앨리스는 계속 강물을 따라 떠내려갔어.
그러다 쥐, 도도새, 오리, 앵무새, 그리고 새끼 독수리를 만났어.
그들은 양쪽 강가에 서 있었는데, 강가와 직각이 되도록 강을 가로지르는 장대를 걸쳐 놓고 있었어.
마치 그 강을 건너는 다리처럼 말이야.

동물들은 서로 자기가 더 여러 가지 성질을 가진 사각형 모양의 방석 위에 있다고 싸우고 있었어. 이를테면 사다리꼴은 한 쌍의 변이 평행하다는 성질만 가지고 있잖아. 네가 한번 찾아볼래? 어떤 사각형 모양이 가장 여러 가지 성질을 가졌는지.
양쪽 강가는 서로 평행하게 뻗어 있었거든. 그 강가에 수직으로 걸쳐진 막대를 잡고 강을 건너면 돼. 이때 강가를 이루는 선에 대하여 수직을 이루는 장대를 수선이라고 해.

앨리스가 무사해야 할 텐데……. 시꾸기, 나 수선을 한번 그려 보고 싶어. 어떻게 그리지?

직각 삼각자를 사용해서 수선을 그릴 수 있어. 우선 ① 강가를 이루는 선을 그리고, ② 직각 삼각자의 직각되는 부분을 직선에 대고, ③ 수선을 그리면 돼. 물론 각도기를 이용해도 돼. 우선 ① 강가를 이루는 선을 그리고, ② 각도기를 선에 댄 다음 각도기에서 90°가 되는 눈금 위에 수선이 지나갈 점을 찍고 각도기의 중심이 되는 점을 표시해서 ③ 두 점을 연결하여 직선을 그려도 되지.

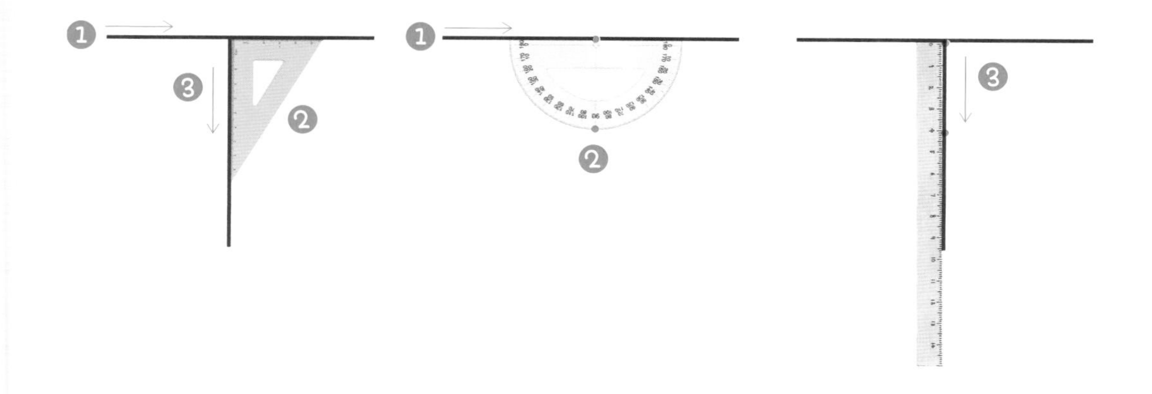

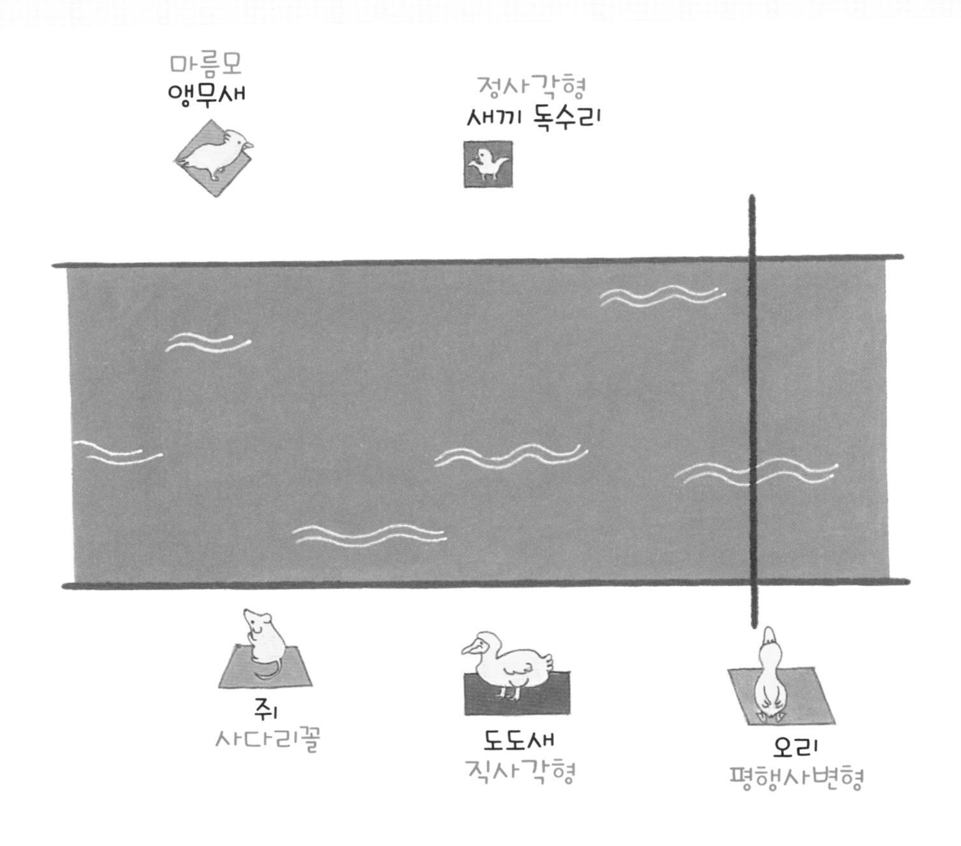

쥐, 도도새, 오리, 앵무새, 그리고 새끼 독수리가 앉아 있는 사각형 방석의 성질을 알아볼까요?

어떤 동물이 가장 많은 성질을 가진 사각형에 앉아 있는지를 알아내는 문제입니다. 먼저 앵무새는 마름모, 새끼 독수리는 정사각형, 쥐는 사다리꼴, 도도새는 직사각형, 오리는 평행사변형 방석에 앉아 있다는 것을 확인하고, 사각형들의 성질을 하나씩 살펴봅니다. 한 쌍의 길이가 같거나 한 쌍의 각이 같은 경우 1점씩 계산합니다. 점수가 가장 높으면 성질을 가장 많이 가진 사각형이 됩니다.

사다리꼴 은 한 쌍의 변이 평행하니까 1점.

직사각형 은 두 쌍의 변이 평행하고(2점), 두 쌍의 마주 보는 변의 길이가 같고(2점), 마주 보는 각만이 아니라 네 각이 모두 직각으로 같으니까(3점) 모두 7점.

평행사변형 은 한 쌍뿐만이 아니라 다른 한 쌍의 변도 평행하고(2점), 마주 보는 변의 길이가 같고(2점), 마주 보는 각의 크기가 같으니까(2점) 모두 6점.

마름모 는 두 쌍의 변이 평행하고(2점), 마주 보는 각이 같고(2점), 마주 보는 변의 길이뿐만 아니라 네 변의 길이도 같으니까(3점) 모두 7점.

정사각형 은 두 쌍의 변이 모두 평행하고(2점), 마주 보는 변의 길이가 같을 뿐만 아니라 네 변의 길이도 같아(3점). 게다가 마주 보는 각뿐만 아니라 네 각도 모두 직각으로 같으니까(3점) 8점!

가장 성질이 많은 도형은 정사각형 이므로 그 방석에 앉아 있는 새끼 독수리가 승자입니다.

오호, 킥킥이는 수학 왕! 자, 그럼 여기서 문제 하나를 더 풀어 볼까? 길이가 똑같은 빨간 철사와 파란 철사가 있어. 빨간 철사로 한 변의 길이가 8cm인 정사각형을 만들고 파란 철사로는 세로가 6cm인 직사각형을 만들어 볼래?

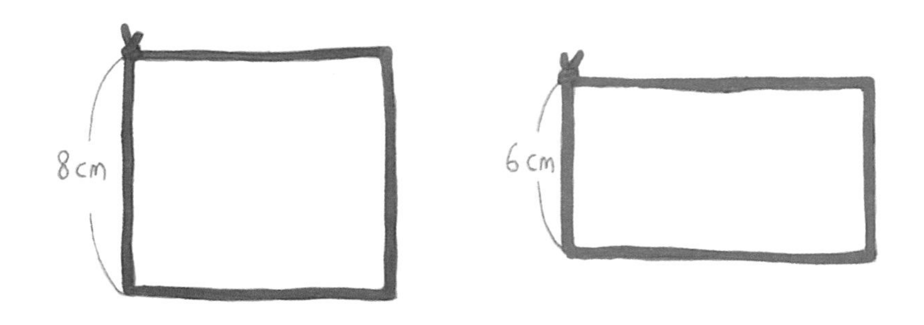

네가 만든 정사각형과 직사각형을 보면서 정사각형의 둘레와 직사각형의 가로 길이를 구해 볼래?

정사각형은 [네 변]의 길이가 같습니다. 한 변의 길이가 [8]cm이므로 둘레 구하는 식을 이용하면 됩니다.

8 × [4] = [32]

그러므로 정사각형의 둘레는 [32]cm입니다.

직사각형도 정사각형과 같은 길이의 철사로 만들었으니까 둘레는 [32]cm입니다. 구해야 할 가로의 길이를 △라고 하고 식을 세워 보면,

(△ + [6]) × [2] = [32]

△ + [6] = [16]

△ = [10]

그러므로 직사각형의 가로 길이는 [10]cm입니다.

맞았어! 도형의 둘레란, 그 도형을 둘러싸고 있는 선 길이의 합이니까. 수학 문제는 문제에 문제를 풀기 위한 정보가 다 들어 있어. 그것을 이용해 식을 세우면 된다니까~마귀.

그런데 앨리스는 어떻게 됐어?

앨리스는 무사히 강을 빠져나왔지만 말실수를 해서 또 혼자 남게 되었어.
자기가 기르는 다이나라는 고양이가 있었으면 쥐를 금방 잡았을 것이라고 말했거든. 그러자 다른 새들이 '다이나'가 누구냐고 물었지. 앨리스는 새를 기가 막히게 잘 잡고, 작은 새를 보면 먹어 치우는 고양이라고 설명했지 뭐야! 앨리스의 말에 동물들이 술렁거렸어. 앵무새며 다른 새들도 그 자리를 다 떠나고 앨리스는 혼자 남게 되었지. 그런데 그때 어디선가 발자국 소리가 또 들려왔어. 바로 흰 토끼였어. 아까 두고 갔던 자기 장갑과 부채를 찾으러 온 거야. 앨리스는 토끼를 돕고 싶은 마음에 따라갔어. 토끼의 집까지 말이야!
흰 토끼 집 바닥은 원래 직사각형이었대. 그런데 지진이 나서 한쪽 바닥이 부서져서 떨어져 나갔어. 직사각형에서 직사각형 모양의 일부를 떼어 낸 모양처럼! 토끼는 집의 바닥 둘레가 줄어들었을까 봐 걱정을 했지.
앨리스는 흰 토끼를 위로하기 위해 집 바닥의 둘레를 계산하기 시작했어.
정말 토끼 집 바닥의 둘레가 줄어들었을까?

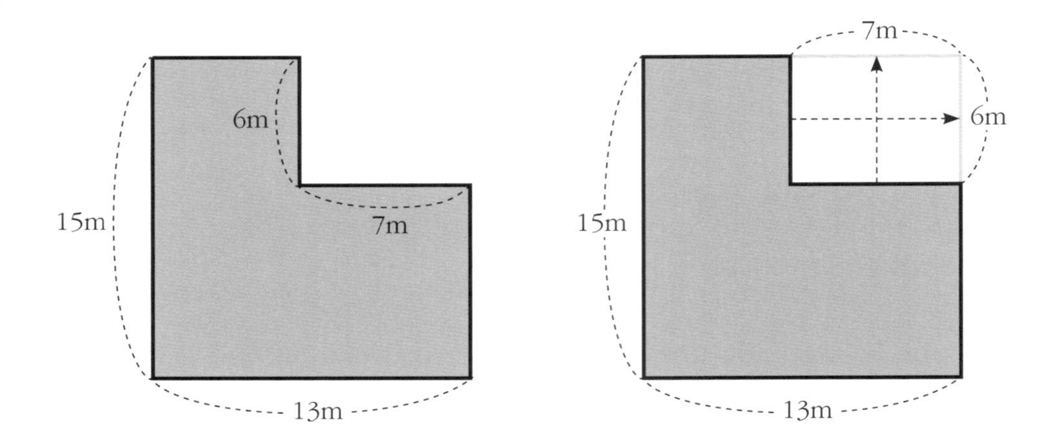

부서진 토끼 집 바닥의 둘레를 구해 볼까요?

먼저 길이가 6m인 변을 [오른쪽] 으로 옮기고, 7m인 변을 [위] 로 올리면 직사각형이 됩니다. 그러면 부서진 토끼 집 바닥의 둘레가 [직사각형] 의 둘레와 같습니다. 가로의 길이가 [13] m, 세로의 길이가 [15] m인 직사각형의 둘레를 구하면 됩니다.

([15] + [13]) × 2 = [56]

그러므로 부서진 토끼 집 바닥의 둘레는 [56] m입니다.

신기하지 않아? 부서지기 전과 부서진 다음의 토끼 집 바닥의 둘레가 같다는 게 말이야.

수학시험

점수 80

오늘도 어김없이 한 번 더 짚고 넘어가자고! 내가 양팔을 벌리면 무엇이 생기게? 바로 한 점에서 그은 두 직선으로 이루어진 도형인 각이야. 두 직선이 만나서 뾰족해진 부분이 꼭짓점이고 두 직선이 변이잖아. 지금 내가 벌린 각은 직각이지?

두 직선이 서로 수직으로 만날 때, 한 직선을 다른 직선에 대한 수선이라고 해. 그리고 한 직선에 수직인 두 직선을 그으면 그 두 직선은 서로 만나지 않아. 이처럼 서로 만나지 않는 두 직선을 서로 평행하다고 하지.

평행한 선분으로 이뤄진 사각형 기억나? 마주 보는 한 쌍의 변이 이처럼 서로 만나지 않게 평행한 사각형을 사다리꼴이라고 해. 그리고 마주 보는 두 쌍의 변이 평행하면 평행사변형이라고 하고. 두 쌍의 변이 평행하면서 네 변의 길이가 모두 같으면 마름모, 네 각의 크기가 모두 같으면 직사각형이야. 그리고 네 변과 네 각의 크기가 모두 같으면? 정사각형!

사각형은 한 꼭짓점에서 이웃하지 않는 꼭짓점으로 대각선을 그으면 삼각형이 그려져. 삼각형이나 사각형처럼 선분만으로 이뤄진 도형을 다각형이라고 해. 그리고 그 선분들의 합이 바로 도형의 둘레가 되는 거지. 그리고 넓이는 면의 크기인데, 한 변의 길이가 1cm인 정사각형의 넓이를 $1cm^2$라고 해. 그래서 도형의 넓이는 그 정사각형이 몇 개 들어 있는지 구하면 알 수 있어.

다각형!
이젠 자신 있다고.

꿈꾸는 세상

내가 상상한 평면도형 세상

평면도형의 세상에서는 말이야, 삼각형, 사각형, 원과 같은 평면도형들이 도화지 위에 그려진 것처럼 일어설 수는 없고 누워서 살아야만 해. 그리고 어떤 물체의 전개도나 건물 배치도는 아무 의미가 없어. 볼 수도, 접을 수도 없으니까.

그럼 평면도형의 세상에는 자동차가 있을까?

신나는 놀이 기구는 어떤 형태로 나타날까?

한번 상상해 봐! 너희가 생각한 평면도형의 세계를 말이야.

재어 봅시다!

: 넓이, 들이, 무게, 그래프

눈에 보이는 모든 것들은 양이나 무게가 있습니다.

킥킥이는 요즘 몸무게가 갑자기 늘어서 고민입니다.

키는 크지 않고 **피둥피둥** 늘어만 가는 몸무게 때문에 속이 상합니다.

엄마는 나중에 모두 키로 갈 것이라고 위로하십니다.

그래서 일주일 간격으로 키를 재어 기록합니다.

거실 한쪽 벽에 눈금자와 체중계를 두고 매주 월요일마다

키를 재서 표시하고, 체중계로 몸무게를 재어 날짜를 써 둡니다.

그리고 석 달에 한 번은 키와 몸무게의 변화를

꺾은선그래프로 만들어 둡니다.

3학년 2학기	■ 들이와 무게 ■ 자료 정리
4학년 1학기	■ 막대그래프
4학년 2학기	■ 꺾은선그래프

cm
cm
cm
cm
Kg
Kg
Kg

신나는 요리 실습

지난주 킥킥이네 반에서는 설문 조사를 해서 학생들이 가장 좋아하는 요리를 수업 시간에 실습해 보기로 했습니다. 선생님께서는 설문 조사 내용을 표로 만들어 주시면서 학급 임원들에게 그 내용을 그래프로 나타내어 교실 뒤 게시판에 붙이라고 하셨습니다.

요리	학생 수(명)
당근 케이크	11
피자	10
불고기	4
떡볶이	3
김밥	3
자장면	1
햄버거	2
파전	1

어떻게 하면 학생들이 단번에 알아볼 수 있는 그래프를 그릴까요? 학급 임원들은 모여서 고민했습니다.

킥킥이네 반 임원들은 각자 좋아하는 그래프를 이용해 그림그래프, 막대그래프, 꺾은선그래프로 자료를 나타냈습니다. 그런 다음 다 그린 그래프를 보면서 각자 의견을 발표했습니다.

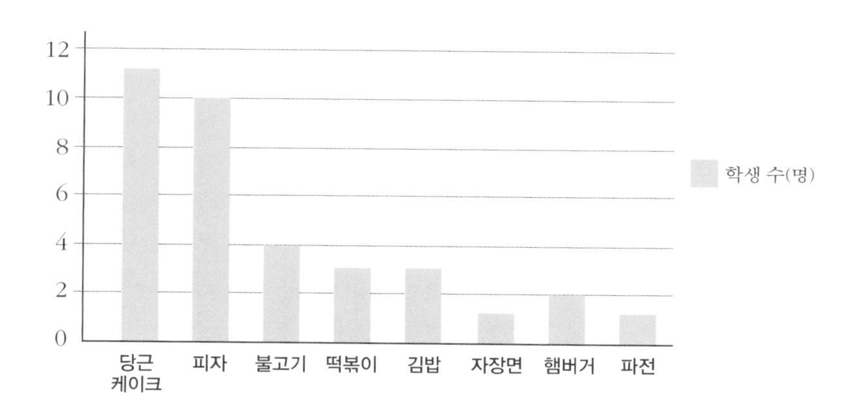

"막대그래프는 막대기를 죽 세워 놓은 것 같아. 그래서 각 요리에 대한 학생 수의 많고 적음을 한눈에 비교할 수 있어 편리한 것 같아."

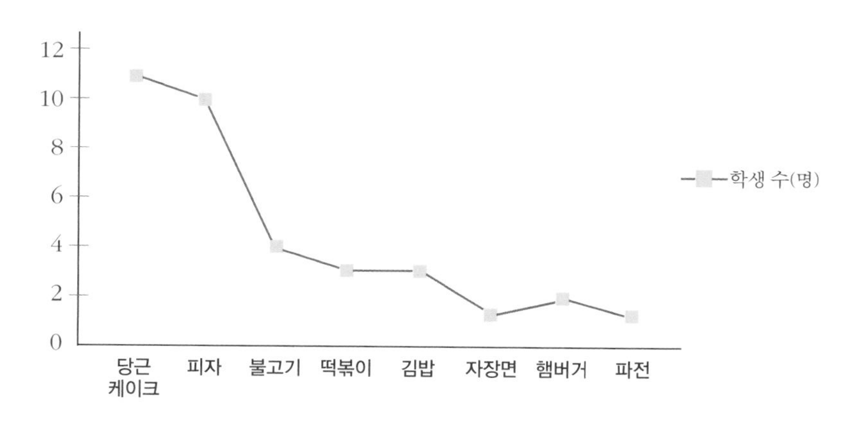

"꺾은선그래프는 변화하는 모습을 쉽게 알 수 있는 그래프인데, 지금 우리는 학생들이 선호하는 요리를 비교하는 것이 목적이니까 이 그래프는 적합하지 않는 것 같아."

요리	학생 수(명)
당근 케이크	○ △
피자	○
불고기	△△△△
떡볶이	△△△
김밥	△△△
자장면	△
햄버거	△△
파전	△

△ 1명
○ 10명

"그림그래프보다 막대그래프가 더 눈에 잘 들어오는데. 물론 그림그래프도 알아보기는 쉽지만 그림의 수를 세어야 해. 아주 큰 수라면 그림그래프도 금방 눈에 들어오겠지만 학생 수가 많지 않아서 그런지 차이가 잘 느껴지지 않아. 아주 작은 차이지만 당근 케이크가 피자보다 1명 더 많다는 정도만 눈에 들어오네."

킥킥이는 회의하는 동안 키가 큰 미소를 계속 힐끗거렸습니다. 이상하게 미소가 가까이 오면 가슴이 뛰었습니다.

결국 막대그래프로 당근 케이크가 결정되었다는 내용을 게시판에

붙였습니다. 그리고 다음 시간에 당근 케이크를 만들기 위한 조를 제비뽑기로 결정했는데, 킥킥이는 미소와 같은 조가 되었습니다.

드디어 요리 실습 날입니다. 요리 실습실 칠판에는 당근 케이크를 만들기 위한 재료가 적혀 있었습니다. 요리 탁자는 모두 8개고 각 탁자마다 4명의 학생이 사용하고, 2명씩 조를 이뤄서 한 조에서 당근 케이크를 한 개씩 만들어야 합니다.

달걀 3개, 흑설탕 120g, 올리브 오일 70mL, 박력분 150g,
베이킹파우더 1작은 술, 계피가루 1.5작은 술, 당근 200g, 호두 70g

학생들이 실습실로 쏟아져 들어왔습니다. 그리고 미소도 들어왔습니다. 미소는 킥킥이의 맞은편에 앉았습니다. 킥킥이는 눈을 어디에 두어야 할지 몰랐습니다. 그때 미소가 킥킥이를 불렀습니다.

"킥킥아, 네가 당근 갈래?"

"응?"

킥킥이는 깜짝 놀라서 벌떡 일어났습니다.

"왜 그렇게 놀라니? 당근 케이크에 들어갈 당근 말이야. 그 당근, 네가 갈 거냐고."

"아하~ 당근?"

"그래. 요리 순서가 달걀 3개를 먼저 손 거품기로 풀고, 그다음에 흑설탕 120그램을 넣어 거품기로 골고루 섞는다. 그다음에 올리브 오일 70밀리리터를 천천히 넣어 섞는 거잖아. 그다음에 박력분 150그램과 베이킹파우더 1작은 술과 계피가루 1.5작은 술을 넣어서 섞다가 거기에 당근을 넣어야 하는 거 맞지?"

"그런 것 같아."

"그러니까 당근도 갈아 놓아야 해. 내가 달걀과 설탕, 오일을 섞을 테니 네가 당근을 갈래? 아니면……."

그제야 정신이 돌아온 킥킥이는 웃음을 참으면서 고개를 끄덕였습니다.

"그래. 내가 할게."

미소는 키는 크지만 웃을 때면 아기 같았습니다. 킥킥이는 그런 미소의 웃는 모습이 정말 좋았습니다. 하지만 킥킥이는 미소를 정면으로 보지 못했습니다.

"그런데 킥킥아, 작은 술이 뭐야?"

"작은 술은 5그램, 액체인 경우는 5밀리리터이고 큰 술은 15그램이라고 책에서 읽었어. 작은 술의 3배가 큰 술이야. 작은 술만 있을 때는 이것을 기억하면 돼."

"고마워. 그런데 어느 그릇이 제일 많이 들어갈 것 같니?"

"달걀 3개, 설탕 150그램, 그리고 올리브 오일 70밀리리터를 모두

넣고 섞으려면 큰 그릇이 필요한데. 달걀 한 개가 50그램 정도니까, 3개면 50 + 50 + 50 = 150이니까 150그램에 설탕 150그램을 섞으면 300그램이지? 거기에 기름까지 있으니까……."

"무게와 들이를 어떻게 함께 생각해?"

"아 그렇지. 무게와 들이는 다르지. 그릇에 들어가는 양만 생각하면 되겠네. 어쨌든 넉넉하게 1000밀리리터가 1리터와 같으니까 1리터가 들어갈 수 있는 그릇에 하자."

킥킥이는 탁자에 있는 그릇 중에서 가장 커 보이는 노란 그릇을 집어서 미소에게 건네주었습니다.

"이 노란 그릇이 어때? 제일 커서 가장 많이 들어갈 것 같지?"

미소는 그릇을 이리저리 살펴보더니 고개를 갸웃거립니다.

"그릇은 겉에서만 보는 것이 아니라 들이를 비교해야 할 것 같은데?"

킥킥이는 미소의 말에 바짝 긴장했습니다.

"이 노란 그릇은 겉에서 볼 때는 크기가 제일 크지만 두께가 너무 두꺼워서 이 초록 그릇보다 들이가 작을 것 같아. 들이를 비교하려면 그릇의 안쪽 공간을 비교해야 하잖아."

킥킥이는 고개를 갸웃거립니다.

"킥킥아, 우리 비교해 볼까? 들이 말이야."

사실 킥킥이는 미소가 말하는 '들이'가 정확하게 무엇인지 몰랐습니다.

"넌 여기 노란 그릇이 초록 그릇보다 더 많이 들어갈 것 같다고 했지?

그러면 초록 그릇에 물을 가득 채운 뒤에 그 물을 노란 그릇에 모두 넣어 보면 알 수 있겠지? 초록 그릇이 더 작다면 노란 그릇에 물을 다 넣은 후에도 그릇에 물이 더 들어갈 공간이 있을 거 아냐? 아니라면 반대 상황이 될 것이고."

킥킥이는 수돗물을 초록 그릇에 가득 채워서 노란 그릇에 천천히 부었습니다. 하지만 노란 그릇에 물이 넘치도록 가득 찼지만 아직 초록 그릇에는 물이 남아 있었습니다. 킥킥이의 예상이 빗나갔습니다. 노란 그릇을 잘 보니 미소의 말대로 두께가 정말 두꺼웠습니다.

"미소야, 네 말이 맞아. 초록 그릇으로 하자. 처음에는 부피가 크면 되는 줄 알았는데, 그릇 안에 들어갈 양을 알아야 하니까 들이를 생각해야 하는 거구나!"

킥킥이는 요리 방법이 쓰인 칠판을 쳐다보았습니다. 미소의 말대로 재료에 따라 표시한 단위가 달랐습니다.

"네 말처럼 기름이나 물 같은 액체는 들이의 단위인 리터나 밀리리터이고, 설탕이나 소금 같은 고체는 무게 단위인 그램이나 킬로그램으

로 되어 있네."

"그렇지? 나도 처음에는 헷갈렸어."

이때 선생님께서 칠판에 기록되어 있는 재료의 양과 무게를 잘 지키라고 말씀하신 뒤, 요리를 시작하라고 하셨습니다.

킥킥이는 마음속으로 오늘 저녁 시꾸기를 불러내 들이와 부피의 단위에 대해 물어봐야겠다고 다짐합니다. 킥킥이는 미소에게 잘 보이고 싶었습니다.

요리 실습은 1교시에 시작해 2교시까지 진행되었습니다. 1교시 수업이 40분간이니 전체 요리 실습 '시간'은 1시간 20분 동안 계속되었습니다. 그러나 이 시간이 킥킥이에게는 마치 5분처럼 느껴졌습니다.

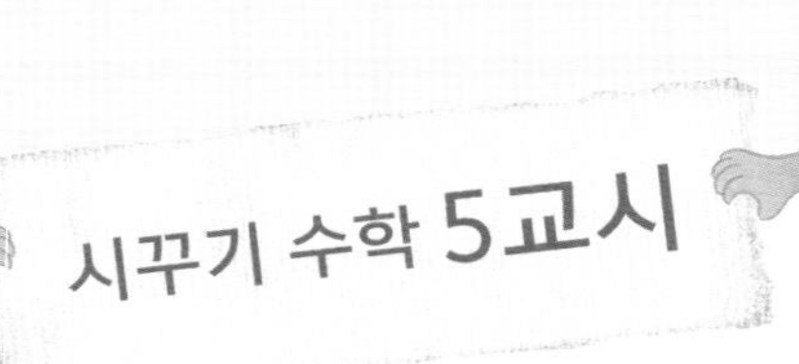

넓이, 부피, 들이, 무게

집에 돌아와서도 킥킥이의 마음은 풍선을 타고 하늘을 나는 기분이었습니다. 그렇게 좋아하는 미소와 한 조가 되어 당근 케이크도 만들고, 이야기도 많이 나눠서 그런지 전보다 훨씬 친해진 느낌이었습니다. 킥킥이는 하루 종일 얼굴에 미소가 떠나지 않고, 머릿속은 온통 미소 생각뿐이었습니다. 그러다 번뜩 실습 시간에 실수한 일이 생각났습니다.

"왜 이렇게 시간이 안 가지?"

킥킥이는 오늘따라 시간이 너무 느리게 간다는 생각이 들었습니다. 학교에서 미소와 실습할 때는 그렇게 빨리 가던 시간이 말입니다.

킥킥이는 벽시계를 눈이 빠져라 쳐다보며 12시가 되기를 기다렸습니다.

시꾸기에게 부피와 들이에 대해 빨리 물어보고 싶었습니다.

"안녕, 킥킥아! 오늘은 나한테 할 말이 많은 표정이네? 네 눈에 이야기가 가득해."

"오늘 요리 실습을 하는데 '들이'를 몰라서 부피랑 헷갈렸지 뭐야. 그래서 내가 좋아하는 미소……."

킥킥이는 놀라서 자기 입을 손으로 재빨리 막았습니다.

"헤헤~ 킥킥이가 미소를 좋아하는구나."

"아냐, 아냐!"

"정말 아니야?"

킥킥이는 거실 바닥만 한참 보다가 고개를 들어 시꾸기를 쳐다보았습니다.

"좋아하는 것은 사실. 그냥 미소가 옆에만 있어도 내 숨소리가 너무 크게 들려. 그래서 숨을 쉬는 것도 신경이 쓰여. 그런 애 앞에서 들이와 부피도 구분 못 했다구."

"큭큭. 오늘 완벽하게 알아서 다음에는 멋지게 설명해 줘."

"그래야지. 그리고 요즘 몸무게가 너무 많이 늘어서 걱정이야. 키 크는 것은 전혀 보이지 않는데, 몸무게는 저울에 올라갈 때마다 부쩍부쩍 늘어나지 뭐야. 휴~ 미소한테 잘 보이고 싶은데……."

"킥킥, 외모는 중요한 게 아냐~옹냐옹! 마음이 중요하지. 어쨌든 오늘 들이와 여러 가지 단위에 대해 확실히 알아서 아주 멋지게 미소에게 알려 주는 거야. 내가 도와줄 테니 자, 잘 들어 봐!"

'들이'란, 주전자나 물병과 같은 그릇 안쪽 공간의 크기를 말해. 그래서 들이를 이야기할 때 주전자나 그릇에 들어가는 물이나 우유, 주스의 양을 말하게 되지. 들이를 설명하기 전에 면적, 그러니까 넓이를 알아야 해!

넓이에 대해 알아보자구~렁이! 흐흐.

얼마 전 신문에서 기사를 읽는데 강원도에 있는 산기슭에서 불이 나 몇 헥타르(ha)가 탔다고 하더라고. 혹시 얼마큼이 탔다는 말인지 아니?

헥타르는 면적(넓이)의 단위야. 자, 여기 한 눈금의 길이가 1cm인 모눈종이에 직사각형과 정사각형이 있어. 어떤 것이 더 넓은지 알겠니?

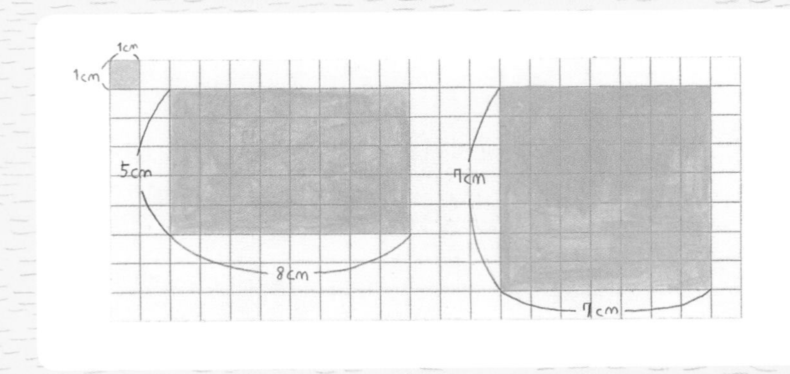

모눈 한 칸은 한 변의 길이가 1cm인 정사각형이야. 모눈 1개의 넓이가 $1cm^2$이니까 모눈을 세어 보면 어느 것이 얼마나 더 넓은지 알 수

있어. 직사각형은 전체 모눈의 개수가 8 × 5 = 40(개)이므로 넓이는 $40cm^2$가 되고, 정사각형은 전체 모눈의 개수가 7 × 7 = 49(개)이므로 넓이는 $49cm^2$가 돼. 보기와는 다르게 정사각형이 더 넓은데?

이번에는 좀 더 넓은 곳을 생각해 볼까? 한 변이 100cm, 1000cm, 10000cm인 정사각형의 넓이는 각각 몇 cm^2인지 말이야. 앞에서 확인한 것처럼 사각형의 넓이는 (가로) × (세로)야.

한 변이 100cm인 정사각형의 넓이는 100 × 100 = 10000(cm^2),

한 변이 10000cm인 정사각형의 넓이는

10000 × 10000 = 100000000(cm^2)가 되겠지?

면의 크기가 상상이 돼?

한 변의 길이가 길어질수록 넓이를 cm^2로 나타내는 게 매우 번거롭기도 하고 상상하기도 힘들어. 상상이 문제가 아니라 한 변이 10000cm보다 길어지면 어떨까? 한 나라의 면적처럼 매우 넓은 땅을 cm^2로 나타내려면 '0'이 너무 많아서 정확하게 세지도 못할걸? 그래서 매우 넓은 면적을 나타낼 때는 새로운 단위를 사용하는 거야.

한 변이 10m인 정사각형의 넓이를 '1a'라 쓰고 '1아르'라고 읽어. 1a = $100m^2$ = $1000000cm^2$지. 또 한 변이 100m인 정사각형의 넓이를 '1ha'라 쓰고 '1헥타르'라고 읽어. 그 관계는 1ha = 100a = $10000m^2$야. 그리고 1km는 1000m이니까 100m를 10번 달린 거리와 같아.

이렇게 생각하면 상상이 될 거야. 넓이는 길이가 모여 있는 것이니까 길이를 차곡차곡 쌓는 상상을 해 봐.

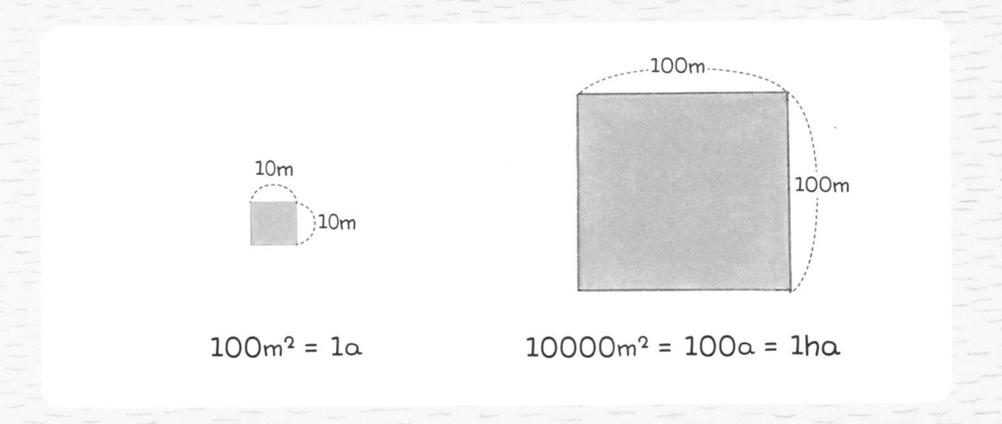

부피나 들이도 이야기해 볼까? 부피나 들이는 넓이가 높이만큼 쌓여 있다고 생각하면 돼. 주스나 우유가 담긴 팩이나 병에 1.5L라고 적혀 있는 것을 본 적이 있지? 아니면 1500mL라고 적혀 있거나. 바로 그 단위가 '들이'를 나타내는 거야.

'들이'와 '부피'를 구분해 보자.

'부피'는 모든 물질이 차지하는 공간이야. **넓이와 높이를 가진 입체도형이 공간에서 차지하는 크기**지. 여기서 '물질'은 물체의 재료야. 그러고 보니 '물체'도 궁금하겠네? 헤헤.

'물체'는 우리 눈에 보이고 만질 수 있는 모든 것들이야. 모든 물체는 하나 또는 그 이상의 물질로 이루어져 있어. 예를 들어 책상이라는 물체는 나무, 금속, 플라스틱 등의 물질로 이루어져 있잖아?

플라스틱이나 나무로 만들어진 주사위 알지? 이런 주사위는 들이

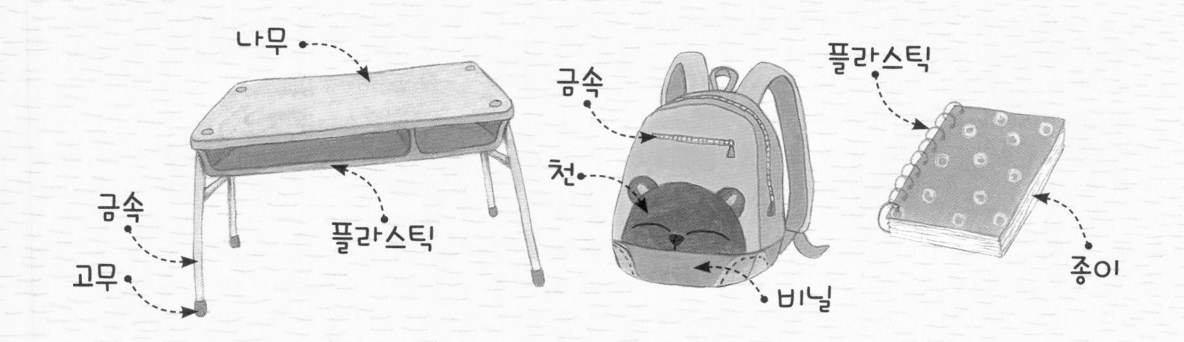

가 아니라 부피에 대하여 얘기해야겠지? 주사위는 6개의 정사각형 면으로 이뤄진 입체도형이야. 주사위와 같은 **정육면체의 한 모서리 길이가 10cm일 때 '부피'를 $1000cm^3$라고 하고, 그릇의 안치수가 그 정육면체와 같을 때 들이를 1L**라고 해. 밀리리터(mL)는 리터(L)보다 작은 들이의 단위야. 한 모서리의 길이가 1cm인 정육면체의 부피는 $1cm^3$, 그릇의 안치수가 그 정육면체와 같을 때의 들이를 1mL라고 해.

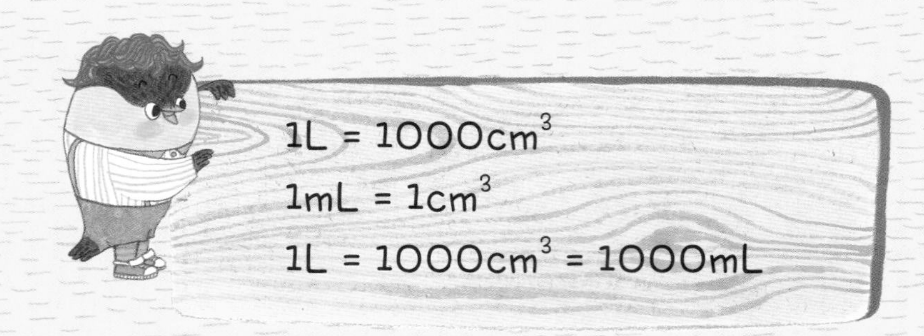

자, 정리해 볼까. 1L = 1000mL라는 것을 이용하여 서로 단위를 바꿀 수 있어. 미소가 알고 있는 것보다 내가 한 수 더 알려 줄게. 에헴.

L를 mL로 바꿔서 계산할 수도 있지만 mL를 L로도 바꿔서 계산할 수 있어. 그리고 꼭 기억해야 해. 1000mL가 1L가 된다는 것을 말이야. 그러니까 3980mL를 L와 mL로 나타내려면, 먼저 천 단위와 백 단위로 구분해서 생각해야 해!

3980mL
= 3000mL + 980mL
= 3L + 980mL
= 3L 980mL

알겠니? 반대의 경우는 L와 mL를 따로 놓고 생각하면 돼.

3L 980mL
= 3L + 980mL
= 3000mL + 980mL
= 3980mL

쉽지? 들이도 L 단위는 L 단위끼리, mL 단위는 mL 단위끼리 더하거나 빼면 돼. 물론 mL부터 먼저 계산해야지. 1000mL를 넘으면 1L로 받아올림하고, mL끼리 뺄 수 없을 때에는 1L를 1000mL로 받아내림해서 계산해야 해. 중요한 것은 **물체나 물질의 속성이 무엇인지를 먼저 알아야 한다**는 거야. 그것이 고체인지, 액체인지 말이야. **물질이 어떤 형태인지 알아야 들이를 구할지, 부피를 구할지 결정**할 수 있거든. 그리고 **무엇을 구할지 알아야 수학에서 '단위'를 결정**할 수 있지! 무게나 넓이도 마찬가지야.

여기서 중요한 점이 있어! 부피나 들이는 양을 말하지만 무게는 그릇이 아니라 저울이 필요해. 체중계와 같은 눈금 저울을 이용하면 무게를 직접 잴 수가 있어. 크다고 무겁고 작다고 가벼운 것은 아니라는 것쯤은 알고 있지? 물건들은 같은 부피를 가지고 있더라도 각 물체마다 무게가 달라. 그래서 무게의 단위를 정할 때, 물의 무게를 기준으로 정한 거야.

물은 4℃일 때 부피가 가장 작아지는데, 이때 물의 무게를 기준으로 무게 단위를 정했어. 섭씨 4도의 물 1cm^3의 무게를 1g으로 말이야. 또 그램(g)의 1000배인 무게 단위로 킬로그램(kg)이 있어. 그래서 1kg은 1g의 1000배야. 물론 더 큰 단위도 있어!

1kg의 1000배는 1톤(t)이야. 이사 트럭은 실을 수 있는 물건의 무게에 따라 1t, 2.5t, 5t 등으로 구분하는 것을 본 적이 있을 거야.

그런 다음 각 단위들 간에 어떤 관계가 있는지 정리해야 해. 그래야 그 물체가 한 개든 여러 개든 부피든 넓이든 구할 수 있으니까. 그러고서 우리가 알고 있는 연산(더하고, 빼고, 곱하고, 나누는)을 하면 돼.

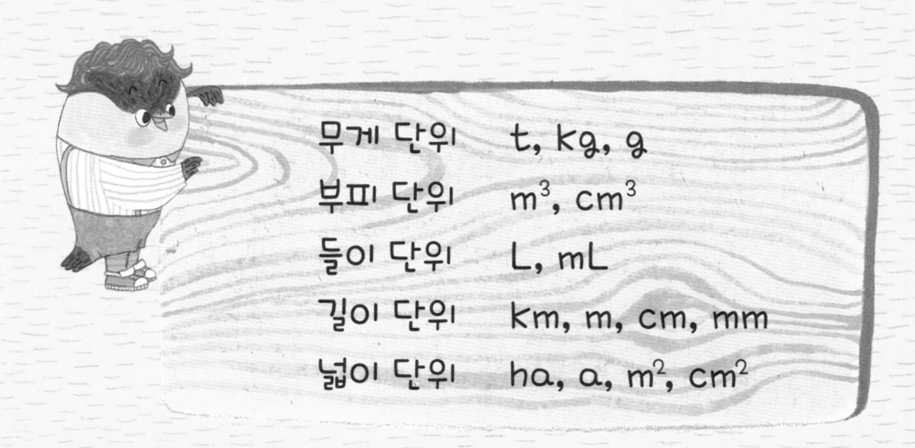

참! 미소와 요리할 때 시간이 무척 짧게 느껴졌지? 그 이유가 뭔지 알아?

물리적 시간, 그러니까 보통 시계가 가리키는 시간은 태양에 대한 지구의 자전 현상을 나타내잖아. 그런데 킥킥이가 마음으로 느낀 시간은 너무 짧았고, 친구들은 요리 시간이 너무 지루하고 길었으니까 그 시간은 물리적 시간이 아니야. 그 시간은 너무 좋고 행복하다면 똑같은 1시간, 즉 60분이라도 10분처럼 느껴지고, 지루했다면 2시간, 즉 120분처럼 느낄 수도 있어. 이런 시간들은 그때그때 감정에 따라 시간에 대해 느끼는 개개인의 차이라고나 할까.

듣고 말해 볼래?

엘리베이터를 탈 수 있는지 말해 봐!

여기 보이는 오른쪽 그릇은 1리터들이 그릇이야.
그럼 왼쪽 그릇에는 물이
얼마큼 들어갈지 어림해 볼 수 있니?

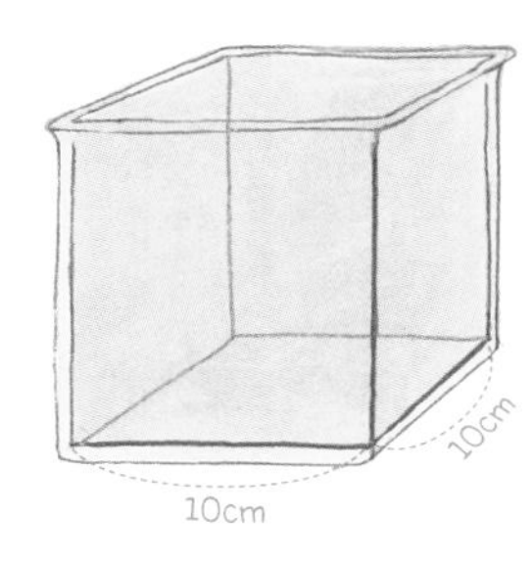

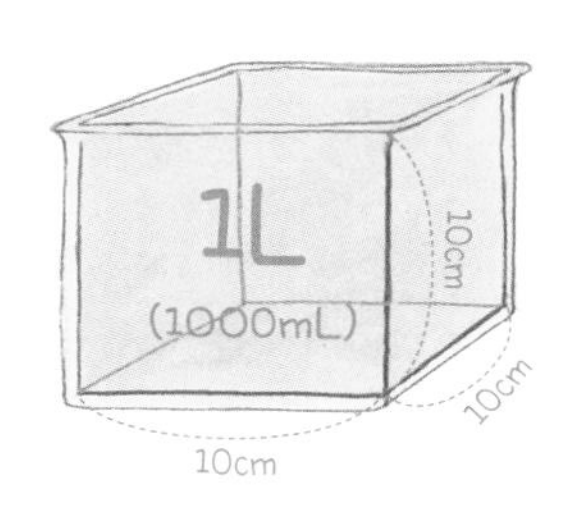

왼쪽 그릇에 물을 넣어서
오른쪽 그릇으로 옮겨 봐도 되지?

그래, 그럼
그렇게 해 봐.

남는 물의 양이 오른쪽 그릇 높이의 5분의 1 정도야. 1000의 5분의 1은
200이니까, 전체는 약 1200밀리리터야?

맞아, 맞아!
그럼 두 그릇에 물을 가득 채우면 물의 양이
모두 몇 밀리리터인지도 알아?

두 그릇의 물을 모두 '합하는' 것은
두 물의 양을 '더하는' 거니까……

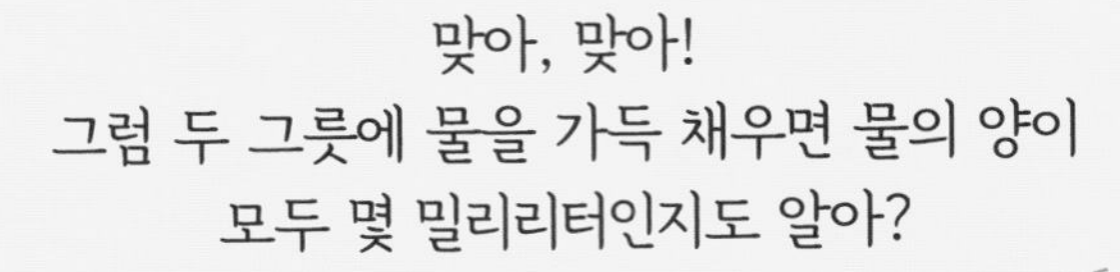

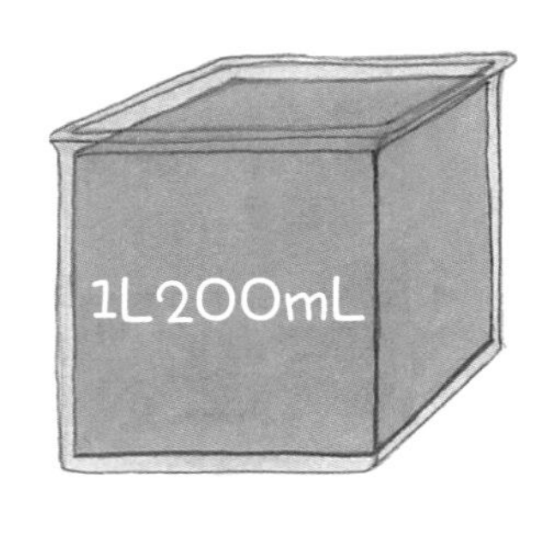

1리터와 1리터를 더하면 2리터이고
200밀리리터가 남으니까,
다 합하면 2리터 200밀리리터야.

이제 두 그릇에 있는 물로 여기 비어 있는
1리터 800밀리리터 들이 그릇을 채워 봐.
그럼 물이 얼마나 남을까?

식은 죽 먹기지!
2리터 200밀리리터에서 1리터 800밀리리터를
'덜어 낸다'는 것은 '뺄셈'을 하는 거잖아.

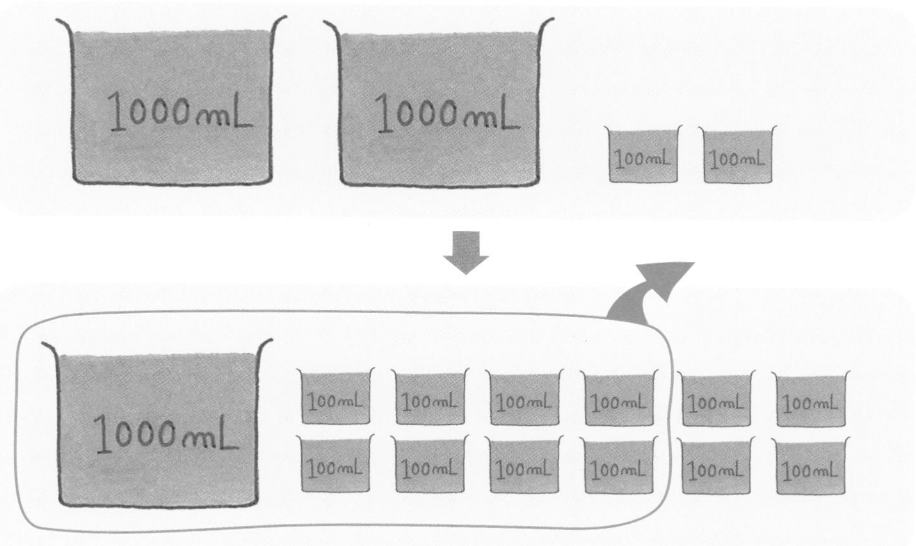

2리터 200밀리리터는 2200밀리리터이고
1리터 800밀리리터는 1800밀리리터니까,
빼 보면 400밀리리터야.

부피나 들이 계산에서 가장 중요한 것은
1리터가 1000밀리리터라는 점을 기억해야 한다는 거야.
무게에 대한 계산에서도 1킬로그램이 1000그램이란 것을 기억해야 하고!
부피나 들이처럼 말이야.

내 몸무게는 시계 전체의 무게야.
그런데 요즘 나도 몸무게가 많이 늘었어. 전에는 1670그램이었는데,
요즘 시계가 더 커지고 장식도 많아져서 3킬로그램 600그램이나
나가더라고. 몸무게가 얼마나 늘었는지 알겠니?

(현재 시계 무게)에서 (이전의 시계 무게)를 빼면 되잖아!
그러니까, 3킬로그램 600그램 빼기 1670그램을 계산하면 돼.
그런데 단위가 다르네. 어떻게 하지?

단위를 똑같이 바꿔서 계산을 해 봐. 그램으로 바꿔 볼까?

$$\begin{array}{r} {\scriptstyle 2\ 15\ 10} \\ \not{3}600 \\ -\ 1670 \\ \hline 1930 \end{array}$$

1킬로그램은 1000그램이니까, 3킬로그램은 3000그램이고,
3000그램에 600을 더하면 3600그램이야.
여기에서 1670그램을 빼면 돼. 일의 자리부터 계산해 볼게. 0에서 0을 빼면 0,
십의 자리는 백의 자리에서 받아내림해서 10에서 7을 빼면 3,
백의 자리는 천의 자리에서 받아내림해서 15에서 6을 빼면 9,
천의 자리는 받아내림했으니까 2에서 1을 빼면 1이야.
이렇게 해서 시꾸기의 몸무게는 헉, 1930그램이 늘었어!

우아악~ 뿌악~ 꿀꿀! 말도 안 돼! 내 몸무게가 거의 두 배나 늘어났잖아.
1킬로그램 930그램이 늘었다니.

푸하하, 사실 난 1톤도 넘는 줄 알았어. 너무 무거워서.

무슨 소릴!
1톤 = 1000킬로그램, 1톤 = 1000000그램이란 말이야.
그렇게 무거우면 어떻게 움직이라고!!

아이잉, 화 풀어. 농담한 거야. 큭큭!

무게나 부피에 대한 지식도 중요하지만 그 지식을 바탕으로
어림하는 능력이나 생각하는 능력도 키워야 해. 자, 잘 생각해 봐!
킥킥이가 엘리베이터를 타려고 하는데 엘리베이터에 사람이 많아.
어른 7명, 아이 5명이 타고 있어. 과연 킥킥이가 탈 수 있을까?

글쎄…… 우선 탔다가 삑! 소리 나면 내리면 되잖아.

그래도 되지만, 어림하는 능력을 키워 보자고.
참고로 엘리베이터의 용량은 1.3톤이야.
그리고 대략 어른은 67킬로그램, 아이는 32킬로그램이라고 생각하자.
계산이 복잡할 수 있으니 일의 자리에서 반올림해서 어른은 70킬로그램,
아이는 30킬로그램으로 계산을 해 봐.

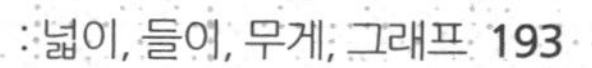

엘리베이터에 탄 어른이 7명, 아이가 5명이니까 엘리베이터를 탄 사람들의 전체 몸무게는 70 곱하기 7 더하기 30 곱하기 5를 계산하면 490 더하기 150이고 답은 640이야. 그러니까 전체 몸무게는 640킬로그램. 그런데 엘리베이터 용량이 1.3톤이니까 단위를 통일해야 해.

1.3톤을 킬로그램 단위로 바꾸면 1300킬로그램이고, 거기서 640킬로그램을 빼면 남은 용량은 660킬로그램이네.

그러면 나는 충분히 탈 수 있어.

그래, 그래!
이렇게 늘 우리 생활 속에서 부딪히는 문제들을 대할 때
수학 지식을 바탕으로 어림해서 생각하고
미루어 짐작해서 행동하는 습관은 수학 실력은 물론이고,
생각하고 상상하는 능력도 자라게 한다니까! 뻐어꾹~

읽고 써 볼래?

파란 애벌레의 문제를 풀어라!

앨리스의 모험 속으로 출바알~! 그런데 어디까지 얘기했더라…….

앨리스가 토끼의 집까지 따라갔잖아. 그리고 코뿔소 때문에 망가진 토끼의 집 바닥 둘레가 그대로라는 것도 알려 주었고.

아, 맞다, 맞아! 오호, 킥킥이 기억력 끝내주는데?

앨리스는 '흰 토끼'라고 적혀 있는 집에 토끼가 찾고 있던 장갑과 부채를 놓고 나오려는 순간 탁자에 있는 병과 케이크를 발견했어. 항상 무엇인가를 먹거나 마시면 재미있는 일이 일어나니까 앨리스는 이번에도 그 큰 병을 들고 마셨어. 그 병에는 2L 200mL의 캐러멜 주스가 있었는데 앨리스는 1L 400mL를 마셨고, 갑자기 커지기 시작했어. 앨리스는 마시고 남은 주스가 얼마나 되는지 알아야 했어. 남은 캐러멜 주스는 얼마나 될까?

앨리스가 먹고 남은 캐러멜 주스의 양은 얼마일까요?

남은 캐러멜 주스의 양을 구하는 문제이므로 [처음 양]에서 먹은 것을 빼면 됩니다. 이 문제를 풀기 위해서는 [뺄셈 식]을 세우면 됩니다.

(남은 캐러멜 주스 양) =

(처음 캐러멜 주스의 양) [−] (먹은 캐러멜 주스의 양)

(2L 200mL) [−] (1L 400mL)를 풀면,

$$\begin{array}{r} \boxed{1}\ \boxed{1000} \\ \not{2}\text{L } 200\text{mL} \\ \boxed{-}\ 1\text{L } 400\text{mL} \\ \hline \boxed{800}\text{mL} \end{array}$$

그러면 남은 양이 [800] mL니까, 앨리스가 반을 더 마셨네.

앨리스의 몸은
빠른 속도로 커져서 집 안 가득 메우고 말았어.
앨리스는 너무 커진 몸을 어찌해야 할지 몰랐지. 흰 토끼는 집이 무너진다고
난리법석이었어. 앨리스는 식탁 위에 병과 함께 있던 케이크를 먹기로 결심했어.
이제는 무엇을 먹어도 더 큰다는 것은 불가능하니 줄어들 게 확실하다고 믿었거든.
예상한 대로 앨리스는 다시 작아져서 그 집에서 나갈 수 있었어.
그러나 너무 작아져서 애벌레만 해졌지 뭐야.
앨리스 옆에는 집채만 한
버섯이 있었어.

그 버섯 위에는
거만하게 팔짱을 끼고 앉아 빨대로
캐러멜 주스를 마시고 있는 파란 애벌레가 있었지.
그리고 파란 애벌레가 알려 준 대로 버섯을 먹고 앨리스는
원래대로 돌아왔어. 애벌레가 원래대로 돌아오는 방법을 알려 주기 전까지
애벌레가 먹은 주스는 2L 700mL였어.
그럼 앨리스와 애벌레가 먹은
캐러멜 주스의 양은
모두 얼마큼일까?

앨리스는 [1] L [400] mL를 먹었고, 애벌레는 [2] L [700] mL를 먹었는데, '모두'를 구하라는 문제입니다. 그러니까 앨리스가 먹은 양과 애벌레가 먹은 양의 [합] 을 구하면 됩니다. 이 문제를 풀기 위해서는 [덧셈 식]을 세우면 됩니다.

(앨리스와 애벌레가 먹은 캐러멜 주스의 양) =
(앨리스가 먹은 캐러멜 주스의 양) [+] (애벌레가 먹은 캐러멜 주스의 양)
([1] L [400] mL) [+] ([2] L [700] mL)를 풀면,

[1]		
1 L	[400] mL	
+ [2] L	700 mL	
[4] L	[100] mL	

그러므로 앨리스와 애벌레가 먹은 캐러멜 주스의 양은 모두

4 L 100 mL입니다.

앨리스는 그 양을 말하고 원래대로 돌아올 수 있었어. 그리고 버섯도 얻었는데, 버섯의 앞쪽을 먹으면 커지고, 뒤쪽을 먹으면 줄어드는 버섯이라고 했지. 하하하.

자, 계속해서 이야기해 줄게.

앨리스는 공작부인이 여왕과 크로케 경기를 해야 한다면서 아이를 맡겨서 그 아이를 안고 있었어. 그런데 요리사가 온갖 물건을 앨리스가 있는 쪽으로 던져서 아이가 위험했지. 그래서 앨리스는 밖으로 나왔어. 그러자 아기가 돼지로 변해 버렸지 뭐야.

이상하지? 아기의 처음 무게는 5kg 600g이었는데 돼지로 변하면서 2kg 700g이나 늘어서 더 이상 안고 있을 수 없을 만큼 무거워졌어. 어쩔 수 없이 바닥에 내려놓았는데, 돼지가 숲으로 달아나 버렸어. 달아난 돼지의 몸무게는 몇 kg으로 늘어난 걸까?

처음의 무게가 [5] kg [600] g이던 아기가 [2] kg [700] g이 늘어난 돼지가 되었을 때의 무게가 얼마인지를 구하는 문제입니다. 그러니까 아기의 처음 무게와 늘어난 무게의 [합] 을 구하면 됩니다.

이 문제를 풀기 위해서는 [덧셈 식] 을 세우면 됩니다.

(돼지의 몸무게) = (처음 아기의 무게) [+] (늘어난 무게)

([5] kg [600] g) [+] ([2] kg [700] g)을 풀면,

```
 [1]
 [5] kg  600 g
[+]  2 kg [700] g
-----------------
 [8] kg [300] g
```

아기가 돼지로 변했을 때의 몸무게는 [8] kg [300] g입니다.

나는 그 아기가 늘어난 무게만큼 줄어들었다고 해도 안을 수 없을 거야. 늘어난 몸무게만큼 줄어들었다고 할 때, 아기의 몸무게를 구해 볼래?

아기의 처음 몸무게는 5kg 600g이었어. 그 아기가 돼지가 되면서 2kg 700g이 늘어났어. 그런데 늘어난 만큼 줄어들었다면 아기의 처음 몸무게와 늘어난 몸무게의 [차] 를 구해야 해. 이번에는 내가 g으로 바꿔서 구해 볼게.

kg을 g으로 바꾸면,

아기의 처음 무게 5kg 600g은 5600g이 되고, 아기가 돼지가 되면서 늘어난 2kg 700g은 [2700] g만큼 줄어든 것으로 하면 돼.

그러니까 뺄셈 식 5600 - [2700] 을 풀면,

```
   4 10
   5600 g
 - 2700 g
 --------
   2900 g
```

[2900] g이니까 [2] kg [900] g이야. 그러니까 아기의 나중 몸무게는 [2] kg [900] g이지.

그래도 무거울 것 같은데? 킥킥이는 거뜬히 들 수 있는 무게지?

응. 나는 거뜬하지. 그러고 보니 무게도 사람마다 다르게 느낄 수 있겠네.

누군가 '그것의 무게는 얼마입니까?'라고 질문했을 때, '무겁습니다!' 혹은 '가볍습니다!'라고 한다면 질문한 사람 입장에서는 틀린 정보가 돼. 그래서 우리는 숫자를 이용해서 수를 나타내고, 무게의 공통된 단위를 사용해서 정확한 정보를 주고받는 거지. '무거워, 가벼워'라고 말하는 것보다 몇 kg이나 몇 g이라고 하면 일반적으로 받아들일 수 있지~렁이. 물론 더 크고 작은 단위가 필요할 때도 있을 수 있고~양이!

점수 90

즐거운 시꾸기와의 정리 시간! 오늘은 측정에 대해 이야기했어. 주전자나 물병 같은 그릇의 안쪽 공간의 크기를 '들이'라고 해. 주로 우유나 주스와 같은 액체의 양을 가늠할 때 사용하지. 모양과 크기가 다른 그릇의 들이를 비교할 때, 사용하는 말은 '많다', '적다' 또는 '비슷하다'와 같은 말을 사용해. 들이를 비교할 때는 각 그릇에 물을 채우고 같은 들이의 컵이나 그릇을 사용하면 돼. 아니면 단위를 비교하면 되겠지? 들이의 단위에는 1리터(L)와 1밀리리터(mL)가 있어. 1리터는 1000밀리리터와 같아.

무게는 어떻게 비교하는지 기억나? 다양한 저울을 이용하면 되는데 단위를 알아야겠지? 무게의 단위는 1킬로그램(kg)과 1그램(g)이 있어. 1킬로그램은 1000그램과 같아. 아, 그리고 한 가지 더!

킥킥이 학급에서 실습 요리를 정할 때 막대그래프를 이용한 이유가 뭘까? 온도나 남극과 북극의 얼음 두께, 네 몸무게처럼 연속적으로 변화하는 양은 그 변화를 한눈에 알아보기 쉽게 점으로 찍고 연결해서 나타내는 것이 좋아. 그런 그래프가 꺾은선그래프야. 하지만 학생들이 어떤 요리를 더 하고 싶어 하는지 한눈에 비교하려면 조사한 사람 수를 막대로 나타낸 그래프가 한눈에 비교하기 쉽기 때문이야. 이제 알겠지?

수학에서 중요한 것은 개념에 대한 정확한 이해와 적용이야. 그러려면 네가 배운 개념을 우리 주변에서 찾아봐야 해. 그리고 확인해야지. 꼭!

주변에서
개념을 찾아보고
확인한다!

꿈꾸는 세상

내가 상상한 동화 속 주인공

옆에 있는 인물은 재미있는 동화 속 주인공이야.

이 주인공의 몸무게는 몇 kg일까?

키는 몇 m 또는 몇 cm일까?

그리고 손에 들고 있는 주스의 양은 몇 L 또는 몇 mL일까?

주변에 아무것도 없어서 도무지 모르겠다고?

주인공 옆에 무언가 딱 하나만 그려 봐.

그럼 주인공도 주스의 양도 달라 보일 테니까.

네가 상상한 주인공이 나오는 동화는 어떤 동화일까?

한번 상상해 봐.